U0284867

贺师傅家常美食，
从手到心的幸福之旅……

家常闽菜

56道超精致闽菜醇正鲜美

603幅详尽步骤图一看就懂

加贝◎著

译林出版社

图书在版编目（CIP）数据

家常闽菜 / 加贝著. -- 南京 ：译林出版社，2016.3
(贺师傅中国菜系列)
ISBN 978-7-5447-6222-9

Ⅰ.①家… Ⅱ.①加… Ⅲ.①闽菜-菜谱 Ⅳ.①TS972.182.57

中国版本图书馆CIP数据核字（2016）第044276号

书　　名	家常闽菜
作　　者	加　贝
责任编辑	陆元昶
特约编辑	梁永雪　刁少梅
出版发行	凤凰出版传媒股份有限公司 译林出版社
出版社地址	南京市湖南路1号A楼，邮编：210009
电子信箱	yilin@yilin.com
出版社网址	http://www.yilin.com
印　　刷	北京旭丰源印刷技术有限公司
开　　本	710×1000毫米　1/16
印　　张	8
字　　数	28千字
版　　次	2016年4月第1版　2016年4月第1次印刷
书　　号	ISBN 978-7-5447-6222-9
定　　价	25.00元

译林版图书若有印装错误可向承印厂调换

01 口味独特的闽菜
02 烹调技法细腻精致
03 闽菜调味料一览

美味肉食

06 茄汁猪排
08 紫盖肉
10 生煎肉
12 酸甜竹节肉
14 爆炒冬笋羊肚
16 沙茶莲藕烧牛肉
18 荔枝鸡球
20 闽南啤酒鸭
22 南煎肝
24 沙茶鸡丁
26 鸡茸金丝笋
28 荔枝肉
30 闽浙风情醉排骨
32 当归牛腩
34 爆糟肉
36 北葱焖羊肉
38 同安封肉
40 烧肉粽
42 三杯鸡

地道海鲜

46 生煎明虾
48 沙茶鱼丝
50 鱼烧白
52 菊花鲈鱼
54 吉利虾
56 淡糟香螺片
58 虾仁扒芥蓝
60 虾片滑肉
62 二冬鲍鱼
64 海蛎豆腐汤
66 虾枣汤

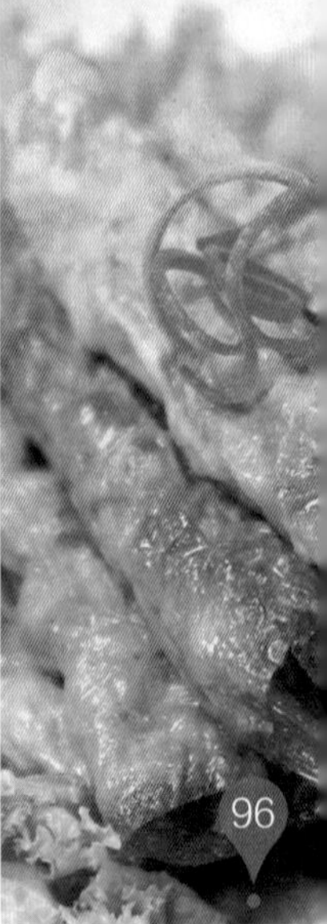

68 蓝花晶鱼
70 扳指干贝
72 鸡汤氽海鲜
74 红糟鱼片
76 厦门蚵仔煎
78 五彩珍珠扣
80 蒜香鱿鱼环
82 胡萝卜拌蜇丝

甜点主食

86 福建炒饭
88 太极芋泥
90 扁肉燕
92 海蟹糯米粥
94 双钱蛋菇
96 炸五香条
98 八宝鲟饭
100 厦门沙茶面
102 飘香葱油拌面
104 福州猪脚面线
106 甜蜜枣核桃

新鲜蔬菜

110 莲藕拌蕨菜
112 蚝油茭白
114 三色蒸蛋
116 蛋拌豆腐
118 瓜烧白菜
120 真心豆腐丸
122 莆田焖豆腐

厦门沙茶面

怎么做才能香而不腻？

口味独特的闽菜

闽菜是中国八大菜系之一，以烹制山珍海味而著称，在色香味形俱佳的基础上，尤以“香”“味”见长，其清鲜、和醇、荤香、不腻的风格特色，以及汤路广泛的特点，在烹坛园地中独具一格。

刀工严谨，入趣菜中

福建海鲜珍品有柔软、坚韧的特性，非一般粗制滥造可获成效，这就决定了闽菜刀工必具严格的章法。闽菜刀工有“剞花如荔、切丝如发、片薄如纸”的美称。如“鸡茸金丝笋”，细如金丝的冬笋丝，与鸡茸、蛋糊融为一体，食时，鸡茸松软，不拖油带水，尚有笋丝嫩脆之感，鲜润爽口，芳香扑鼻。

以汤提鲜，滋味清爽

汤菜在闽菜中占绝对重要的地位，它是区别于其他菜系的明显标志之一。在繁多的烹调方法中，汤最能体现菜的本味。因此，闽菜的“重汤”，其目的便在于此。如“鸡汤氽海蚌”，是将汤味纯美的三茸汤，渗入质嫩清脆的海蚌之中，以达到眼看汤清如水，食之余味无穷的效果。

烹调技法细腻精致

调味奇特，醇而不腻

闽菜的调味，偏于甜、酸、淡。这一特征的形成，与烹调原料多取自山珍海味有关。善用糖，甜去腥膻；巧用醋，酸能爽口；味清淡，则可保存原料的本味。如“淡糟香螺片”，用口味独特的红糟做调料，再配以白糖、高汤调制的卤汁，浇在厚薄适中的螺片上，清香而不腻

丰盛小吃，品种多样

闽菜的特色小吃不仅品种丰富，而且口味极佳，深受当地和外地老百姓的喜爱。传统特色小吃有：鱼丸、芋泥、锅边糊、芋果、九层果、光饼、肉松、葱肉饼、燕皮、线面、春卷等。其中，太极芋泥是闽菜的传统甜食，其味道香郁甜润、细腻可口，是宴席上的“压轴菜”。

• 书中计量单位换算

1小勺盐≈3g
1小勺糖≈2g
1小勺淀粉≈1g
1小勺香油≈2g
1小勺酵母粉≈2g

1大勺淀粉≈5g
1大勺酱油≈8g
1大勺醋≈6g
1大勺蚝油≈14g
1大勺料酒≈6g

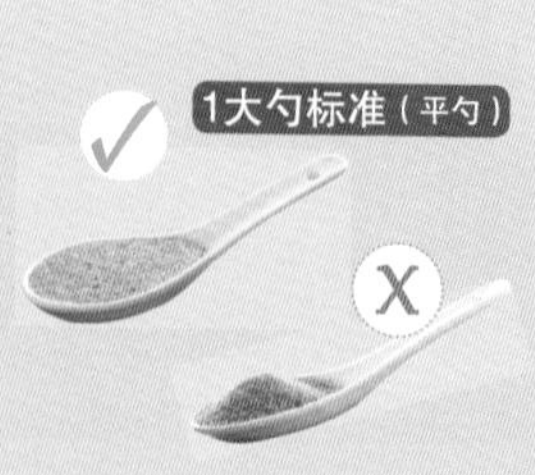

1碗标准

1碗水≈250ml
1碗面粉≈150g

闽菜调味料一览

白糖		白糖是由甘蔗和甜菜榨出的糖蜜制成的精糖，色白、干净、甜度高。闽菜善用糖，用甜去腥腻。
醋		醋是一种发酵的酸味液态调味品，多由高粱、大米、玉米、小麦以及糖类和酒类发酵制成。闽菜巧用醋，使菜品酸甜可口。
红糟		红糟产于福建省，在红曲酒制造的最后阶段，将发酵完成的衍生物，经过筛滤出酒后剩下的渣滓就是红糟，色泽鲜红，具有浓郁的酒香味。
沙茶酱		沙茶酱是花生仁、白芝麻、鱼、虾米、蒜、葱、芥末、辣椒、黄姜、香草、丁香、陈皮等原料经磨碎或炸酥研末，然后加油、盐熬制而成的一种调味品，色泽淡褐，呈糊酱状，咸鲜甜辣。
辣椒酱		辣椒酱是餐桌上比较常见的调味品，取优等朝天椒，经淘洗、精拣、破碎熬制而成。在烹调过程中具有上色、感官良好的特点，使人有一种强烈的食欲感。
高汤		闽菜重汤菜，尤其是福州菜，讲究以汤提鲜。高汤分为奶汤和清汤，清汤清澈见底，奶汤乳白细滑。
豆瓣酱		豆瓣酱是调味品中比较常用的调料，由蚕豆、食盐、辣椒等原料酿制而成。豆瓣酱富含优质蛋白质，烹饪时能增加菜品的营养价值。
番茄酱		番茄酱是鲜番茄的酱状浓缩制品，由成熟红番茄经破碎、打浆、去除皮和籽等粗硬物质后，经浓缩、装罐、杀菌而成。番茄酱常用作鱼、肉等食物的烹饪佐料。

美味肉食

茄汁猪排、荔枝鸡球、爆糟肉……
来自闽菜的肉食诱惑！

烧肉粽

「猪肉富含蛋白质及脂肪、钙、铁、磷等成分，具有补虚强身、滋阴润燥、丰肌泽肤的作用。猪肉还可提供血红素和促进铁吸收的半胱氨酸，能改善缺铁性贫血。」

中级　40 分钟　3 人

茄汁猪排

做菜来扫我！

● 材料：葱 1 根、姜 1 块、西红柿 2 个、蒜 3 瓣、猪里脊 1 块

● 调料：料酒 1 大勺、生抽 1 大勺、白糖 2 小勺、白胡椒粉 2 小勺、油 2 大勺、番茄酱 2 大勺、盐 1 小勺

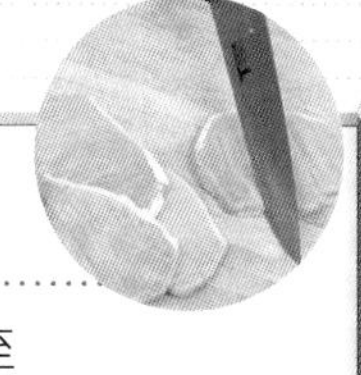

茄汁猪排怎么做才更入味？

猪排先用刀背轻轻拍松，吃起来才会更软嫩，另外在腌制过程中要翻一至两次面，以使其充分入味；而西红柿翻炒时，可边炒边用铲子切碎，这样炒出的茄汁口感更好。

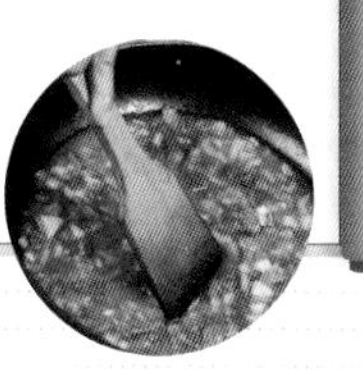

制作方法

1 葱洗净，切葱花；姜去皮、洗净，切片，备用。

2 西红柿洗净，切小块；蒜去皮、洗净，切末，备用。

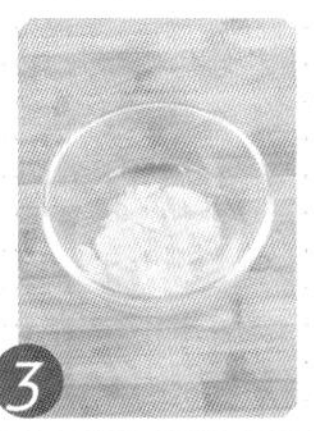

3 蒜末加水浸泡 10 分钟，用勺子反复按压，挤出蒜汁，并过滤到碗中。

4 加入料酒、生抽、1 小勺白糖、1 小勺白胡椒粉、姜片，调成料汁。

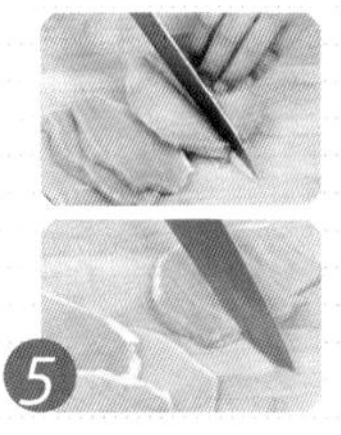

5 猪里脊洗净，切 1cm 厚的大块，用刀背拍松，放入调好的料汁中，拌匀后腌制片刻。

6 锅中倒入 1 大勺油，烧热后转小火，放入猪排，煎至两面金黄，盛出。

7 净锅，倒入 1 大勺油，爆香一半葱花后，加入西红柿，翻炒至出汁。

8 加入番茄酱、盐、白胡椒粉、白糖调味，炒匀成茄汁。

9 将茄汁淋在煎好的猪排上，撒上剩余葱花，即可食用。

紫盖肉

做菜来扫我!

- 材料：姜 1 块、香菜 1 根、五花肉 1 块（约 500g）、鸡蛋 2 个
- 调料：骨汤 1 碗、生抽 1 大勺、白糖 1 小勺、黄酒 1 大勺、八角 1 个、淀粉 1 大勺、面粉半碗、猪油 1 碗

「猪肉含有丰富的优质蛋白质和必需的脂肪酸，能改善缺铁性贫血，具有补肾养血、滋阴润燥的功效；鸡蛋富含 DHA 和卵磷脂、卵黄素，对神经系统和身体发育有利，能健脑益智，改善记忆力。」

制作方法

1 姜去皮、洗净，切片；香菜洗净，切末，备用。

2 五花肉洗净，切成 4 块，放入沸水中焯烫，捞起沥干，备用。

3 锅中依次加骨汤、生抽、白糖、黄酒、八角和姜片，再放入五花肉，小火慢煨约 1 小时，盛出后用淀粉抓匀。

4 鸡蛋打入碗中，加入面粉、猪油拌匀成薄糊，均匀抹在五花肉上。

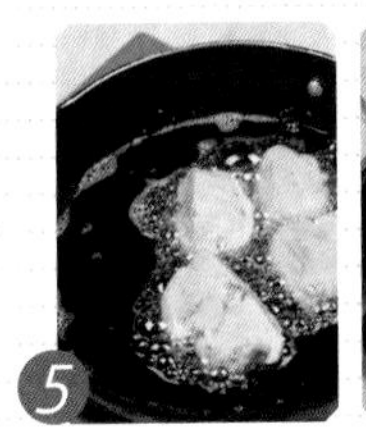

5 锅内倒入猪油，烧至七成热，放入上好浆的五花肉炸至金黄，取出，沥干油渍。

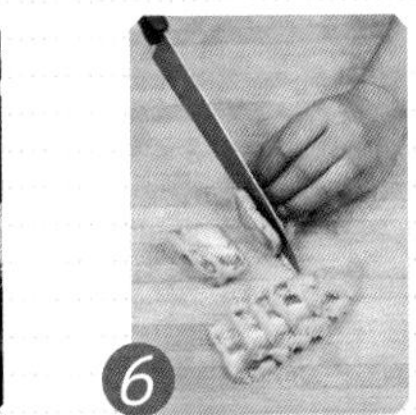

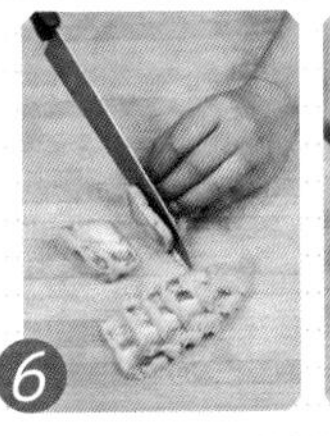

6 将炸好的五花肉斜切成约 3cm 长的片，撒上香菜末，即可食用。

Q&A 紫盖肉怎么做才外酥里嫩？

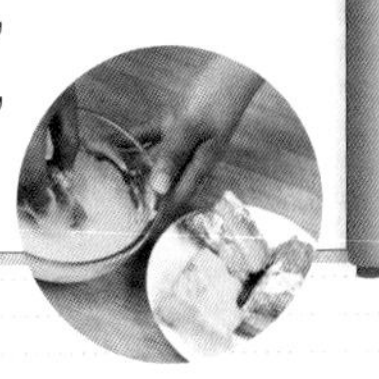

五花肉先放入热水中焯烫，可去腥；用骨汤炖出的五花肉味道会更加鲜美，且一定要用小火煨，这样会更入味。另外，炖好的五花肉抹上一层鸡蛋糊，炸至金黄即可取出，不可炸过长时间。

做菜来扫我!

生煎肉

- 材料：葱 1 根、姜 1 块、洋葱 1 个、里脊肉 1 块（约 300g）

- 调料：绍酒 2 大勺、生抽 2 大勺、鸡蛋清 1 份、干淀粉 1 大勺、猪油 1 大勺、番茄酱 1 大勺、白糖 1 大勺、香醋 1 大勺、鸡汤半碗、胡椒粉 1 小勺

猪肉含有丰富的维生素B，可以使身体感到更有力气。猪肉还能提供人体必需的脂肪酸，具有滋阴润燥、补肾养血之效，主治热病伤津、肾虚体弱、产后血虚、燥咳、便秘等症。

制作方法

1 葱洗净，切葱花；姜去皮、洗净，切片；洋葱去皮、洗净，切末。

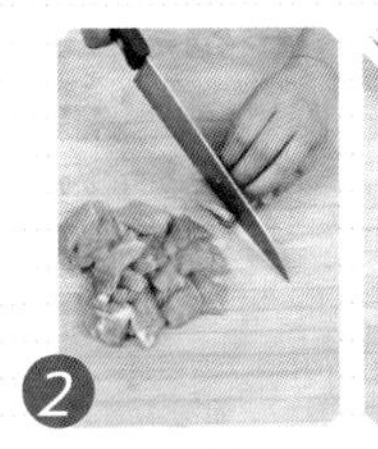

2 里脊肉洗净，切成约2cm见方的薄片，用刀轻轻拍松，放入碗中。

3 加入1大勺绍酒、1大勺生抽和洋葱末、鸡蛋清、干淀粉，搅拌均匀。

4 锅内倒入1大勺猪油，烧至五成热，放入腌好的肉片，中火煎至两面金黄，盛出。

5 锅内留少许油，放入葱花、姜片爆香，接着放入煎好的肉片。

6 加入番茄酱、绍酒、生抽、白糖、香醋、鸡汤、胡椒粉调味，烧至收汁，即可盛出。

Q&A

生煎肉怎么做才更软嫩清香？

肉片要切得薄厚均匀，不可切太厚；煎肉片时，两面都要煎至金黄，这样做出的肉片才外焦里嫩；煎好的肉片翻炒时，加入鸡汤，可使生煎肉更醇香、美味，且营养丰富。

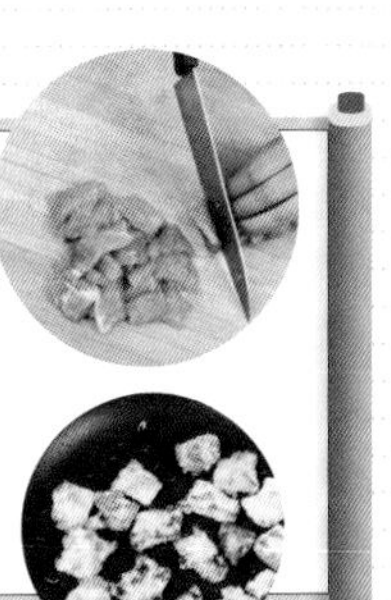

做菜来扫我！

酸甜竹节肉

- 材料：蒜4瓣、葱1根、香菜1根、西红柿1个、荸荠2个、冬笋1块、香菇4朵、胡萝卜1根、冬瓜1块、猪腿肉1块（约500g）、生鸭蛋1个、白芝麻1小勺、油皮3张
- 调料：白糖3大勺、黄酒2大勺、盐1小勺、干淀粉1大勺、猪油1碗、骨汤1碗、醋2大勺、水淀粉1大勺

制作方法

1 蒜去皮、洗净，切末；葱洗净，切段；香菜洗净，切碎，备用。

2 西红柿去蒂、洗净，切块；荸荠去皮、洗净，切块，备用。

3 冬笋和香菇洗净，胡萝卜和冬瓜去皮、洗净，均切成3cm长、0.3cm宽的丝。

4 猪腿肉洗净，切成3cm长、0.4cm宽的条；生鸭蛋去壳，打入碗内。

5 白芝麻洗净，捞出滗干，放入锅中翻炒片刻，取出，备用。

6 将蒜末和步骤3、4中的食材放入碗中，加鸭蛋液、白糖、黄酒、盐、干淀粉，拌匀成馅料。

7 取部分馅料，捏成长圆形的馅条，依照此法捏出10条。

8 将馅条放入油皮中，卷成卷，再切成4段，成“竹节肉”，依此法做成40段竹节肉。

9 锅内倒入1碗猪油，烧至七成热，放入竹节肉，转小火炸约6分钟，捞起滗油。

10 锅内留少许油，烧至八成热，放入葱段、西红柿、荸荠炒2分钟。

11 加入骨汤、醋、剩余白糖，大火煮沸，再用水淀粉勾薄芡。

12 接着放入炸好的竹节肉，拌匀，关火盛盘，撒上香菜，即可食用。

爆炒冬笋羊肚

做菜来扫我！

- 材料：羊肚 1 块（约 500g）、冬笋 1 块、小米椒 5 个、葱白 1 段、蒜 4 瓣
- 调料：淀粉 2 大勺、盐 1 小勺、醋 1 小勺、白糖 1 小勺、胡椒粉 1 小勺、油 1 碗

中级　1 小时 25 分钟　2 人

Q&A 爆炒冬笋羊肚怎么做才酸甜可口?

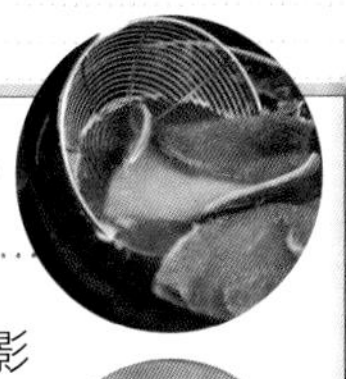

羊肚较腥，处理时应先去掉油膜和黑膜，再进行焯烫、浸泡等，这样才不影响口感；另外，羊肚裹上淀粉炸一下，口感会更加清脆。

制作方法

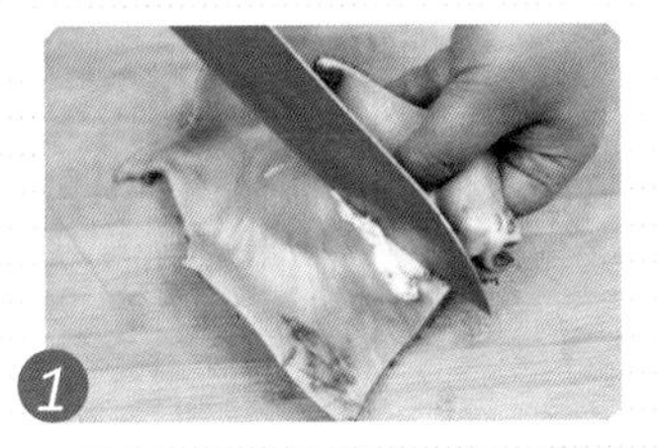

1 分别将羊肚上的油膜和黑膜刮去，洗净，备用。

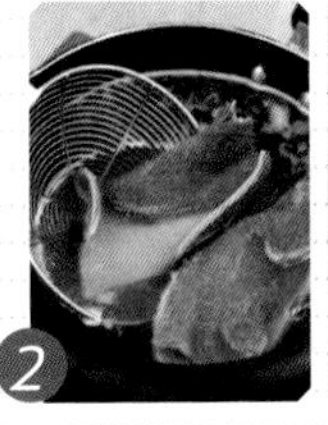

2 羊肚先放入热水锅中焯烫，再放入碱水中浸泡1小时，去除膻味。

3 将羊肚放入锅内煮熟，捞出后洗净，直至碱味消除。

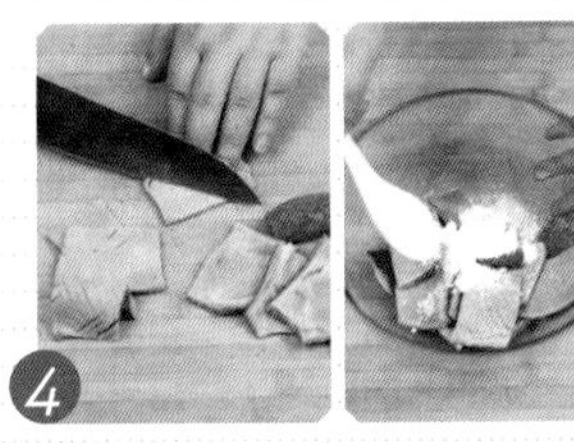

4 羊肚先切成5cm长、3cm宽的块,再连刀切成麦花形，裹上淀粉，备用。

5 冬笋去皮，切片，用沸水焯熟；小米椒洗净，切斜段，备用。

6 葱白洗净，切段；蒜去皮，切片，备用。

7 将盐、醋、白糖、胡椒粉、淀粉和少量水调成调味料汁，备用。

8 锅中倒油，大火烧至九成热，转中火，放入羊肚与冬笋炸一下，捞出滗干。

9 锅内留底油，大火烧热，依次放蒜、葱、小米椒、羊肚、冬笋，加调味料汁，翻炒至熟即可。

莲藕生用具有凉血、散瘀的功效，还可治热病烦渴、热淋等；熟用能益血、止泻，还可健脾、开胃，常吃可轻身耐老，延年益寿。沙茶酱内有花生、芝麻、虾米等高蛋白成分，营养丰富。

中级 1小时30分钟 2人

沙茶莲藕烧牛肉

做菜来扫我！

- 材料：洋葱 1 个、莲藕 1 节、牛腩 1 块（约 500g）、香菜 1 根
- 调料：油 2 大勺、沙茶酱 2 大勺、豆瓣酱 1 大勺、料酒 1 大勺、生抽 1 小勺

制作方法

1. 洋葱去皮、洗净，切丝；莲藕去皮、洗净，切成厚片，备用。

2. 牛腩洗净，切成大块；香菜洗净，切段，备用。

3. 锅内倒入清水，大火煮沸后，放入牛腩焯烫，撇去浮沫，捞起滗干水分，备用。

4. 净锅，倒入2大勺油，烧至六成热时，放入洋葱和牛腩，炒至洋葱变透明。

5. 依次加入沙茶酱、豆瓣酱、料酒、生抽调味，翻炒均匀后放入莲藕，炒至断生。

6. 倒入热水，使其没过莲藕和牛腩，大火烧开后，转小火炖1小时，撒上香菜即可。

Q&A 沙茶莲藕烧牛肉怎么做才更入味?

沙茶酱放久后容易分层，使用之前需调匀；莲藕去皮后容易氧化变黑，可泡在清水中，防止氧化，以保持鲜嫩；炖煮莲藕时，大火烧开后转小火再炖 1 小时，沙茶酱的味道才会更浓郁。

「荔枝可止呃逆、腹泻，有补脑健身、开胃益脾、促进食欲的功效；鸡肉蛋白质含量较高，且易被人体吸收，有增强体力、强壮身体的作用，同时可益五脏、补虚健胃、活血通络。」

中级　30分钟　2人

做菜来扫我！

荔枝鸡球

- 材料：葱 1 根、姜 1 块、荔枝 10 个、红椒半个、黄椒半个、鸡脯肉 1 块（约 300g）、鸡蛋 1 个
- 调料：花椒粉 1 小勺、盐 2 小勺、蚝油 1.5 大勺、水淀粉 1 大勺、料酒 1 大勺、油 2 碗

制作方法

1. 葱切段；姜切片；荔枝去壳；红椒和黄椒洗净，切块；花椒粉、盐、蚝油、水淀粉调成料汁备用。

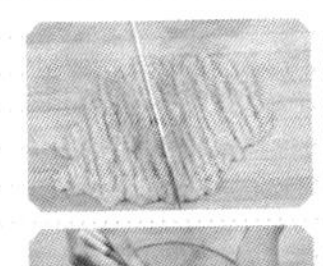

2. 鸡脯肉洗净，剁成泥状，打入鸡蛋，加料酒、剩余的盐，顺时针拌匀至上劲，搓成肉丸。

3. 锅中倒油，烧至五成热时，放入肉丸，转中火炸至金黄，捞出淹油。

4. 锅中留底油，烧热，放入一半葱和姜爆香，然后放入红椒和黄椒翻炒。

5. 接着放入肉丸，炒匀；再将调好的料汁倒入锅中，翻炒均匀。

6. 最后，放入剩余葱段，烧沸后，即可关火，盛盘食用。

Q&A

荔枝鸡球怎么做才更香嫩？

拌鸡肉馅时，一定要沿着同一个方向搅拌，这样会使拌好的肉馅更有弹性和黏性；肉馅中加入料酒，会使味道更加鲜美。另外，鸡肉球不要炸太久，避免将水分炸干。

做菜来扫我!

闽南啤酒鸭

● 材料：姜 1 块、香葱 1 根、鸭子半只

● 调料：油 2 大勺、啤酒 1 碗、盐 1 小勺、生抽 1 大勺、白糖 1 小勺

中级 40 分钟 3 人

「鸭肉可改善人体燥气，有除湿解毒、滋补养胃的功效；鸭肉中的脂肪酸比例接近理想值，有降低胆固醇的作用，对患动脉粥样硬化的人群尤为适宜；鸭肉还可补肾、消水肿、止咳化痰。」

制作方法

1 姜去皮、洗净，切片；香葱洗净，切葱花，备用。

2 鸭子洗净，切去多余脂肪，切块，入沸水中焯烫，捞出，滗干水分。

3 锅中倒入2大勺油，大火烧至六成热，倒入鸭肉，不断翻炒。

4 接着放入姜片，继续炒至鸭肉颜色变深。

5 接着，倒入啤酒，加盐、生抽、白糖，大火煮约15分钟。

6 撒上香葱花，即可出锅食用。

闽南啤酒鸭怎么做才更鲜美?

鸭肉需放入沸水中焯烫，这样可以去掉腥味；炒鸭肉时，一定要不停地翻炒，避免鸭肉烧焦；加入白糖少许，吃起来口感会更滑嫩。

南煎肝

做菜来扫我!

- 材料：葱白 1 段、姜 1 块、香葱 1 根、红椒 1 个、猪肝 1 块
- 料汁：生抽 1 大勺、料酒 1 大勺、白糖 1 大勺
- 调料：醋 1 大勺、生抽 1 大勺、盐 1 小勺、料酒 0.5 大勺、胡椒粉 1 小勺、淀粉 1 大勺、油 1 碗、香油 1 小勺

「猪肝含有丰富的维生素A、维生素C及铁、磷、硒等，具有补肝、明目、养血的功效，可增强人体的免疫反应，抗氧化，防衰老，以及抑制肿瘤细胞的产生。不过，患有高血压、冠心病等症的人忌食猪肝。」

制作方法

1 葱白洗净，切末；姜洗净，切末；香葱洗净，切葱花；红椒洗净，切丁；生抽、料酒、白糖调匀成料汁，备用。

2 猪肝洗净，切成薄片，放入清水中，加醋，浸泡2个小时。

3 取出猪肝，加入生抽、盐、料酒、胡椒粉、淀粉拌匀。

4 锅中倒入1碗油，烧至七成热，放入猪肝，立即关火，至猪肝变色，捞起盛出。

5 锅中留少许油，油热后加入葱白末和姜末爆香，再倒入猪肝翻炒。

6 接着倒入调好的料汁，翻炒均匀，然后撒上葱花、红椒丁，淋入香油即可。

南煎肝怎么做才更滑嫩？

猪肝要在加了醋的清水中浸泡，这样既可去血水，还可去腥；为了保持鲜嫩，猪肝要切得较薄，且第一次下锅时，不可在锅中停留时间太长，变色时要立马盛出；第二次下锅时，需用大火翻炒。

沙茶鸡丁

做菜来扫我！

- 材料：鸡胸肉 1 块、胡萝卜半根、洋葱半个、香芹 1 棵、鸡蛋 1 个、蒜 4 瓣
- 调料：料酒 1 小勺、生抽 1 小勺、胡椒粉 1 小勺、淀粉 1 小勺、油 1 大勺、水淀粉 1 大勺
- 沙茶酱汁：沙茶酱 2 大勺、蒜蓉酱 1 大勺、生抽 1 大勺、清水 2 大勺

鸡肉可活血益气、暖胃健脾，是日常生活中的食补佳品。鸡肉热量低、蛋白质含量丰富，极易被人体吸收，对饮食不均衡而导致肠胃负担太重的我们来说，易消化的鸡肉真是再好不过的食物了。

制作方法

鸡胸肉洗净，切丁；胡萝卜、洋葱、香芹均洗净，切丁，备用。

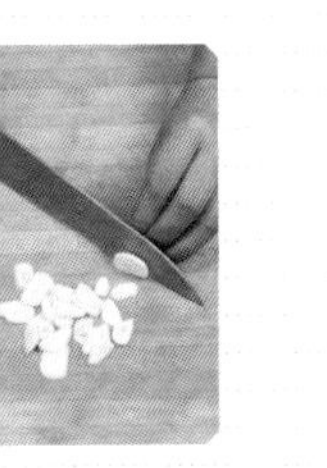

鸡蛋分离蛋黄和蛋清；蒜去皮、洗净，切片，备用。

鸡丁中加料酒、生抽、胡椒粉、蛋清和淀粉，拌匀，腌制片刻。

锅中倒油，下入蒜片爆香，再放入洋葱，炒出香味。

放入鸡丁，滑炒至熟，再加入胡萝卜和香芹，翻炒均匀，倒入调匀的沙茶酱汁。

大火烧开后，再煮片刻，用水淀粉勾薄芡，即可关火出锅。

沙茶鸡丁怎么做才酱香浓郁?

鸡丁要先用料酒、生抽、胡椒粉、鸡蛋清和淀粉腌制片刻，这样可使其嫩滑爽口；另外，将食材翻炒成熟后，再倒入用沙茶酱、蒜蓉酱等调匀的沙茶酱汁，勾薄芡，酱香浓郁、美味可口。

「冬笋质嫩味鲜，清脆爽口，含有丰富的蛋白质、多种氨基酸和纤维素，能促进肠道蠕动，既有助于消化，又能预防便秘和结肠癌的发生，同时具有和中润肠、清热化痰、解渴除烦的功效。」

中级 40分钟 2人

做菜来扫我！

鸡茸金丝笋

- 材料：冬笋 1 块、鸡脯肉 1 块、猪肥膘肉 1 块、火腿 1 块、鸡蛋 4 个、香葱花 1 大勺
- 调料：盐 1 小勺、水淀粉 2 大勺、猪油半碗、鸡汤 1 碗

制作方法

冬笋洗净，切成5cm长的细丝；鸡脯肉和猪肥膘肉洗净，剁成茸；火腿切小丁。

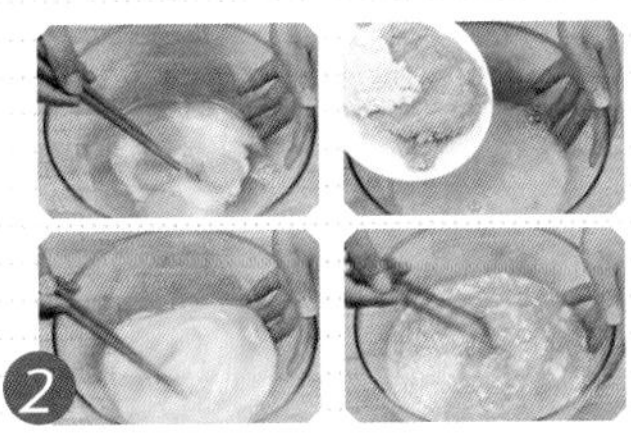

鸡蛋打入碗中，加盐、水淀粉拌匀，再放入鸡肉茸和猪肉茸，搅拌至成鸡茸糊状。

锅中倒入半碗猪油，烧至八成热，放入笋丝炸1分钟，捞起，用沸水冲去油腻。

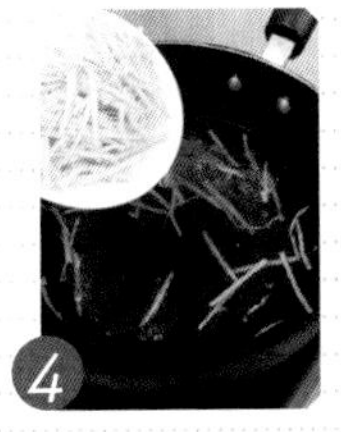

另起锅，倒入鸡汤，放入炸好的笋丝，小火烧20分钟，盛出，倒入鸡茸糊中拌匀。

净锅倒入猪油，烧至八成热，放入拌匀的笋丝鸡茸糊，大火炒3分钟，盛出装盘。

最后，撒上火腿丁和香葱花，即可食用。

Q&A

鸡茸金丝笋怎么做才色泽金黄？

笋丝放入锅中炸时，时间不可过长，1 分钟后就要迅速捞起；鸡肉茸中加入鸡蛋、水淀粉搅拌，口感会更香脆；炒笋丝鸡茸糊时一定要用大火，且火越大越好，炒约 3 分钟，这样才会色泽金黄。

荔枝肉

做菜来扫我!

- 材料：瘦猪肉 1 碗（约 300g）、荸荠 10 个、葱白 1 段、蒜 2 瓣
- 调料：红糟 2 大勺、水淀粉 3 小勺、生抽 1 大勺、白醋 1 大勺、白糖 1 大勺、高汤 1 大勺、油 2 碗、香油 1 小勺

荔枝肉怎么做才爽脆可口？

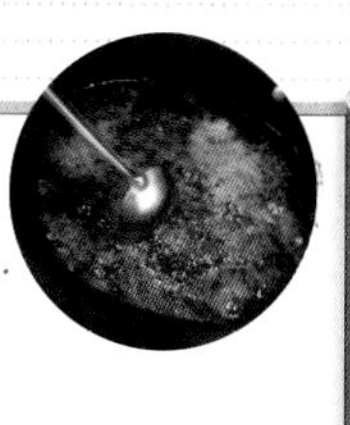

炸荔枝肉片和荸荠块时，要注意油温，八成热即可；另外，要让荔枝肉片和荸荠块顺着锅边溜下去，以免溅油；炸至金黄、熟透后即可捞出，吃起来口感爽脆可口。

制作方法

1 瘦猪肉洗净，切成 10cm 长、5cm 宽的厚片，打“十”字花刀，再切成约 3cm 见方的小片，呈荔枝状。

2 荸荠去皮、洗净，切成小块；红糟剁细，备用。

3 荸荠块与荔枝肉片放入碗中，加红糟和 1 小勺水淀粉，抓匀。

4 葱白洗净，切成葱花；蒜去皮、洗净，切片，备用。

5 将生抽、白醋、白糖、高汤、水淀粉调成卤汁，备用。

6 锅中倒入 2 碗油，烧至八成热，放入上浆的荔枝肉片和荸荠块，用勺扒散。

7 将荔枝肉片与荸荠块炸至金黄、熟透，捞出控油。

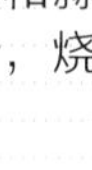

8 锅内留底油，下入葱花和蒜片，煸香，再倒入卤汁，烧至黏稠。

9 最后，倒入炸好的荔枝肉片和荸荠块，翻炒均匀，淋入香油，即可关火出锅。

「炸后的猪排骨金黄、酥脆，再用料汁腌制，酸甜美味，可增强食欲；猪排骨可提供人体生理活动必需的优质蛋白质、脂肪，滋阴润燥、益精补血，丰富的钙质还可维护骨骼健康。」

中级　30 分钟　2 人

闽浙风情醉排骨

做菜来扫我!

- 材料：香葱 1 根、鸡蛋 1 个、猪肋排 4 根（约 500g）
- 调料：番茄酱 2 大勺、咖喱 1 块、胡椒粉 1 小勺、花生酱 1 大勺、醋 2 大勺、白糖 2 大勺、老抽 1 小勺、盐 1 小勺、淀粉 1 大勺、油 1 碗

制作方法

1. 将除淀粉、油之外的所有调料拌匀，制成“醉汁”，备用。

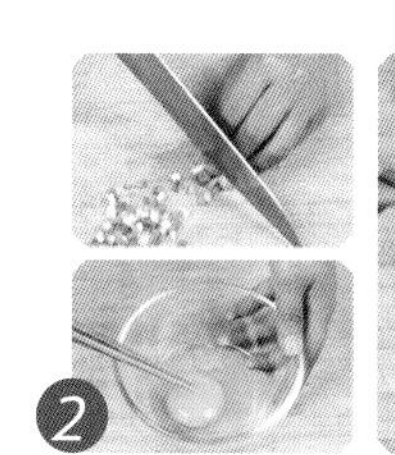

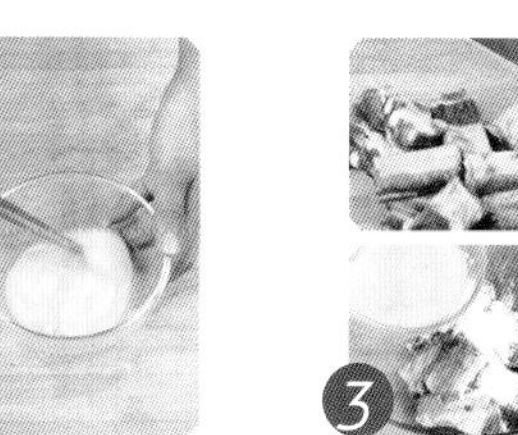

2. 香葱洗净，切葱花；鸡蛋去壳，打入碗中，拌匀，备用。

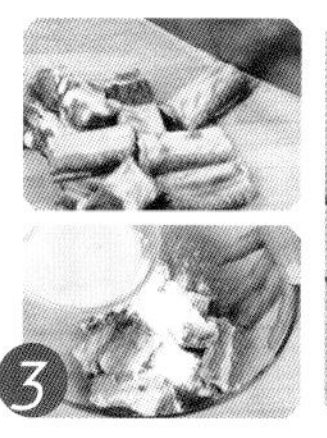

3. 猪肋排洗净，切段，放入碗内，加淀粉、鸡蛋液，用手拌匀。

4. 锅中倒入油，烧至六成热，放入上好浆的肋排，小火炸15分钟。

5. 转大火，炸至酥脆，捞出沥油。

6. 将炸好的肋排倒入“醉汁”中拌匀，腌制10分钟，撒上葱花，即可食用。

Q&A 闽浙风情醉排骨怎么做才更酥脆?

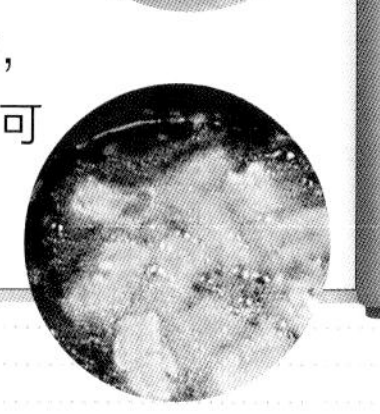

猪肉烹调前莫用热水清洗，以免营养流失。肋排炸之前裹上淀粉和鸡蛋液，可以增加酥脆感；炸时先用小火炸至金黄，使内层炸熟，再转用大火炸，可以使外层更加酥脆。

当归牛腩

做菜来扫我！

- 材料：牛腩 1 块（约 500g）、香葱 1 根、冬笋半根、水发香菇 2 朵、当归 1 根、蒜 3 瓣、姜 1 块、枸杞 10 粒
- 调料：油 1 大勺、料酒 1 大勺、白糖 1 大勺、生抽 1 大勺、老抽 1 小勺、猪骨汤 2 碗、盐 1 小勺、胡椒粉 1 小勺、香油 1 小勺

「当归具有补血、活血、调经止痛、润肠通便的功效，适宜月经不调、气血不足、头痛头晕、便秘者食用。牛腩具有补脾胃、益气血、强筋骨、消水肿等功效。」

制作方法

1 牛腩洗净，入沸水煮 20 分钟后捞出，切成 3cm 长、2cm 宽的块；香葱洗净切葱花。

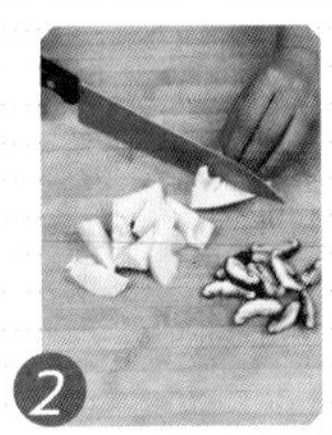

2 冬笋去皮、洗净，切块；水发香菇去蒂，切片；当归洗净，用纱布包好。

3 蒜和姜均去皮、洗净，切末；锅中倒油，大火烧至五成热，爆香姜蒜。

4 放入牛腩、冬笋、香菇，加料酒、白糖、生抽和老抽，翻炒 10 分钟。

5 倒入猪骨汤，烧沸后放入当归，转小火焖约 2 小时，至肉烂汁浓。

6 捞出当归，加盐和胡椒粉，淋入香油，撒上葱花和枸杞，即可关火食用。

当归牛腩怎么做才更入味?

牛腩洗净后需入沸水煮20分钟，这样可去掉腥气。当归牛腩中加入猪骨汤，并且转小火慢炖，可使猪骨汤中的营养和香气慢慢渗入牛腩中，做出来后香气满溢。

做菜来扫我！

爆糟肉

- 材料：五花肉 1 块（约 500g）、蒜 5 瓣、姜 1 块、香葱 1 根
- 调料：红糟半碗（约 50g）、油 1 碗、虾油 3 大勺、白糖 1 小勺、料酒 1 大勺、高汤 1 碗、水淀粉 1 大勺、香油 1 小勺

中级　35 分钟　2 人

「红糟可以健脾、益气、温中，具有降低血脂肪、血糖，强化肝脏的功能，还能增进免疫力。猪肉富含优质蛋白质和必需的脂肪酸，并提供血红素和促进铁吸收的半胱氨酸，能改善缺铁性贫血。」

制作方法

五花肉洗净，切成约3cm长、2cm宽的厚块，焯水，去掉浮污，捞出，滗干水分。

蒜去皮、洗净，切片；姜去皮、洗净，切末；红糟剁细；香葱洗净，切葱花，备用。

锅内倒油，大火烧至六成热时，将蒜片、部分姜末下锅过油炸香，捞出备用。

锅内放入五花肉，过油后用漏勺捞出，滗干油。

锅内留底油，大火烧热，煸炒剩余姜末，再放红糟、虾油、白糖、料酒、过油的蒜片和姜末、五花肉爆香。

加高汤煮沸，改中火焖几分钟，待汤汁收浓时，用水淀粉勾薄芡，淋入香油即可。

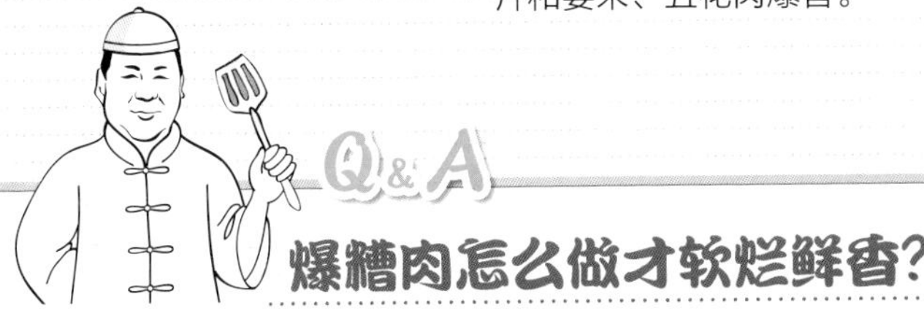

爆糟肉怎么做才软烂鲜香?

五花肉洗净后需入沸水焯烫，撇去表面的浮沫，这样可以去掉腥味，吃起来口感更佳。另外，五花肉需先过油炸一遍，再进行炒制和焖煮，这样做出的肉更加香味浓郁。

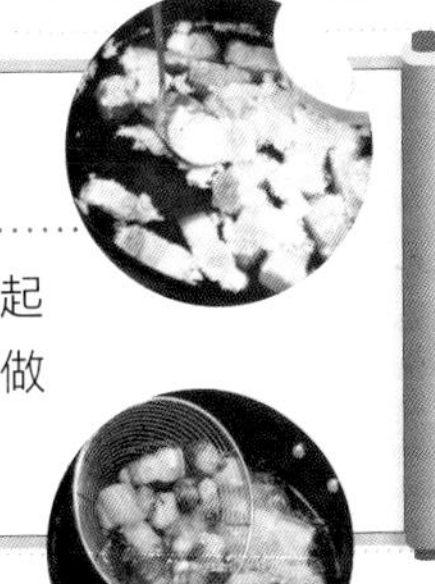

做菜来扫我!

北葱焖羊肉

- 材料：葱 1 根、姜 1 块、干辣椒 2 个、香葱 2 根、羊排骨 1 根、羊肉 1 块（约 250g）、八角 1 个、草果 1 颗

- 调料：油 2 大勺、盐 2 小勺、生抽 1 大勺、白糖 1 大勺、老抽 0.5 大勺、料酒 1 大勺、水淀粉 1 大勺

中级　3 小时　3 人

北葱焖羊肉怎么做才更入味?

羊肉和羊排骨都要放入沸水中焯烫几分钟，这样可以去除膻味。羊肉和羊排骨同焖，可以提升北葱焖羊肉的香味，吃起来口感更佳。

制作方法

1 葱洗净，切段；姜去皮、洗净，切片；干辣椒洗净，切段；香葱洗净，切段，备用。

2 羊排骨斩块、洗净，入沸水煮 5 分钟，捞出，滗干水分，备用。

3 羊肉斩块、洗净，入沸水煮 10 分钟，捞出，滗干水分。

4 将煮过的羊肉放入锅中，翻炒约 5 分钟，关火盛盘。

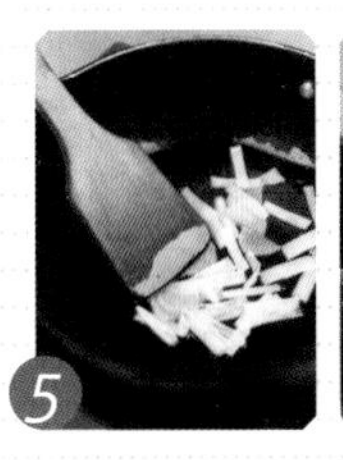

5 净锅，倒入 2 大勺油，爆香葱姜，再下入羊肉，大火爆炒 2 分钟。

6 接着放入羊排骨、八角和草果，加盐、生抽、白糖、老抽、料酒和清水，大火煮沸后，转小火焖 2 小时。

7 待肉焖烂后，放入香葱，再焖 15 分钟，盛出羊肉和羊排骨，汤和汁留锅中。

8 继续煮滚锅内汤汁，用水淀粉勾薄芡。

9 最后，将汤汁淋在羊肉和羊排骨上，即可食用。

同安封肉

做菜来扫我！

- 材料：蒜3瓣、姜1块、栗子15个、虾仁5个、香菇4朵、猪肉1块（猪腿肉连皮约300g）、八角1个、桂皮1块
- 调料：油1大勺、白糖1大勺、老抽1小勺、料酒1大勺、盐1小勺

同安封肉怎么做才香气四溢？

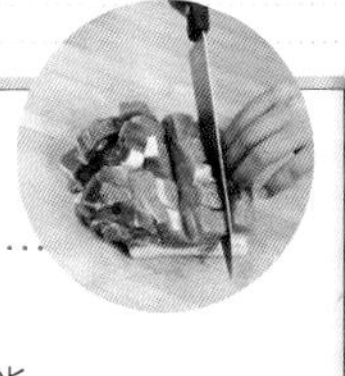

肉洗净后，在表面切“十”字，肉会更加入味、鲜美；往锅里加入清水时，水不宜太多，淹没肉的 1/3 即可；肉蒸熟后，一定要用盘子封住，这样才能将香气保留住。

制作方法

1 蒜去皮、洗净，切片；姜切片；栗子去皮、洗净，备用。

2 虾仁挑去虾线，洗净；香菇洗净，切两半，备用。

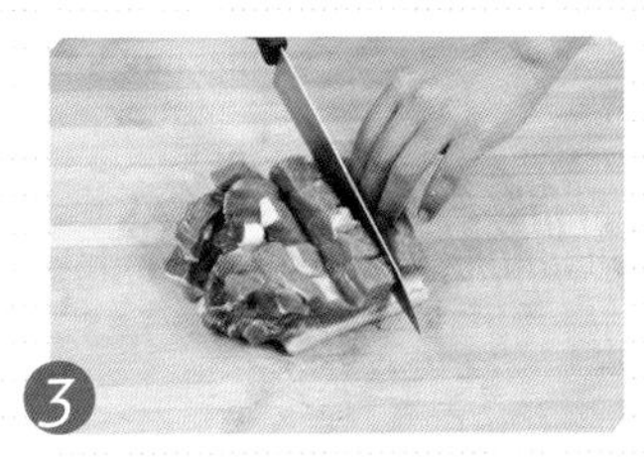

3 猪肉洗净，切 2cm 深的“十”字，使其更快入味。

4 锅内倒 1 大勺油，烧至五成热，加白糖，转小火炒至棕红色。

5 放入猪肉，加老抽，翻炒至着色。

6 依次放入蒜片、姜片、栗子、虾仁，加料酒、盐，稍微翻炒，再加入 1 碗清水和八角、桂皮，大火煮沸。

7 清水收至 1/3 碗时关火，倒入大碗内，使肉皮面朝下，加锅中汤汁，用保鲜膜封住。

8 接着放入蒸锅，蒸约 3 小时，至熟烂取出。

9 揭开保鲜膜，另取盘，将肉倒扣在盘内，拣去姜片，即可食用。

糯米含有蛋白质、脂肪、糖类、钙等营养元素，具有补中益气、健脾养胃、止虚汗之功效，对脾胃虚寒、食欲不佳、腹胀腹泻有一定缓解作用；猪肉能改善缺铁性贫血，具有补肾养血、滋阴润燥的功效。

中级　1 小时 30 分钟　3 人

烧肉粽

做菜来扫我！

- 材料：姜 1 块、紫洋葱 2 头、糯米 1 碗、粽叶 10 片、五花肉 1 块
- 调料：油 1 大勺、料酒 2 大勺、生抽 2 大勺、盐 2 小勺、白糖 2 大勺、胡椒粉 1 小勺

制作方法

姜去皮、洗净，切片；紫洋葱去皮、洗净，切末，备用。

糯米洗净，浸泡约 8 小时；粽叶浸泡至软，洗净，备用。

五花肉洗净，入沸水焯烫片刻后捞出，用冷水洗净，滗干水分，切小块。

锅中倒油，烧热后爆香姜片，再放入肉块，煸炒至出油，加一半的料酒、生抽和盐调味。

加清水至淹没肉块，盖上锅盖，转大火煮沸，再加白糖炒匀，转小火，加盖继续焖烧。

15 分钟后掀盖翻炒片刻，继续焖烧，至肉变色，加白糖翻炒，继续焖烧。

待肉汁呈黏稠状，转大火不断翻炒至肉块红润，盛盘备用。

净锅倒油，烧热后转小火煸香洋葱，再倒入烧好的肉块，翻炒均匀，盛出备用。

净锅倒油，放入泡好的糯米，加入其余调料，炒至六成熟，盛出备用。

取粽叶两片互叠，折成三角漏斗状，先填入适量炒好的糯米，中间包入肉块、洋葱末。

最上层铺上糯米，收拢粽叶两端，包成三角锥状，扎紧。

锅中倒入足量清水，放入包好的粽子，大火煮沸后转小火焖烧 1 小时，煮熟即可。

做菜来扫我!

三杯鸡

- 材料：姜1块、洋葱半个、干辣椒1个、蒜6瓣、九层塔3根、鸡腿2个
- 调料：香油5大勺、酱油2大勺、米酒7大勺、盐2小勺、白糖2小勺

中级 **35分钟** **2人**

Q&A

三杯鸡怎么做才能更入味?

“三杯”即指香油 1 杯、米酒 1 杯、酱油 1 杯，如怕油腻，可减少油量；三杯鸡的重点是让鸡肉自然地吸收酱汁，因此不能添水烧制。九层塔一定要最后放入，借热气焖出香味。若买不到九层塔可用香菜代替。

制作方法

1 姜洗净，切片；洋葱洗净，切片；干辣椒洗净，切段；蒜去皮、洗净。

2 九层塔择除茎秆，洗净，备用。

3 鸡腿洗净，剁成大小均匀的块。

4 锅中加水煮开，放入鸡腿肉焯烫，捞出沥干。

5 炒锅加香油，下蒜、姜、干辣椒、洋葱，用小火煸香。

6 煸出香味后，将鸡腿块倒入，大火翻炒至鸡肉出油、变色。

7 接着倒入酱油、米酒、盐、白糖，翻炒均匀。

8 盖上锅盖，小火煮 15 分钟，直到汤汁收干。

9 最后撒入九层塔，略微翻炒，即可出锅。

地道海鲜

沙茶鱼丝、菊花鲈鱼、吉利虾……
追求本味的地道新鲜！

做菜来扫我!

生煎明虾

- 材料：葱 1 根、姜 1 块、蒜 3 瓣、香菜 3 根、明虾 10 只
- 调料：油 1 碗、生抽 1 大勺、料酒 1 大勺、白糖 1 小勺、橙汁 1 大勺、番茄酱 3 大勺、香油 1 小勺、清汤半碗、水淀粉 1 大勺

明虾肉质肥厚，味道鲜美，富含蛋白质，中医认为，虾性温，可补肾壮阳，滋阴健胃；虾肉体内含有很高的虾青素，有助于消除因时差反应而产生的“时差症”。

制作方法

1 葱洗净，姜和蒜去皮、洗净，依次切成末；香菜洗净，切段，备用。

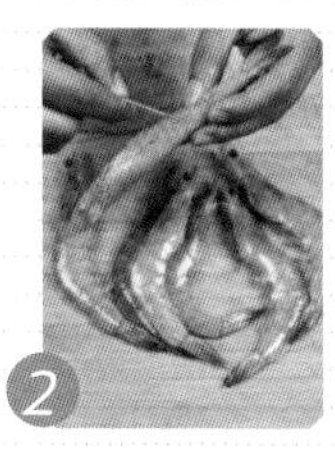

2 明虾挑去虾线，剪掉须、爪和头枪，洗净，备用。

3 锅中倒入1碗油，烧至三成热时，放入明虾，用勺搅动几下，捞出滗油。

4 锅中留底油，转中火，放入明虾，煎至虾头出油，加入葱姜蒜，翻炒片刻。

5 接着加入生抽、料酒、白糖、橙汁、番茄酱、香油和清汤。

6 最后，用水淀粉勾薄芡，撒上香菜，就可享用美味鲜香的生煎明虾啦。

Q&A 生煎明虾怎么做才更鲜香？

煎明虾时要用中火，且两面都要反复煎，直至虾头出油，这样做出的虾才会鲜香可口；烹制过程中加入橙汁和料酒可去腥、提鲜，味道更加鲜美。

做菜来扫我！

沙茶鱼丝

- 材料：葱1根、姜1块、黄鱼1条、鸡蛋清1份
- 调料：绍酒2大勺、盐1小勺、菱粉1小勺、沙茶酱1大勺、香油1小勺

「黄鱼富含微量元素硒，能清除人体代谢产生的自由基，延缓衰老，并对各种癌症有防治功效。另外，黄鱼可有健脾升胃、安神止痢、益气填精，对贫血、失眠、头晕、食欲不振及妇女产后体虚都有良好的疗效。」

制作方法

1 葱洗净，切段；姜去皮、洗净，切丝，备用。

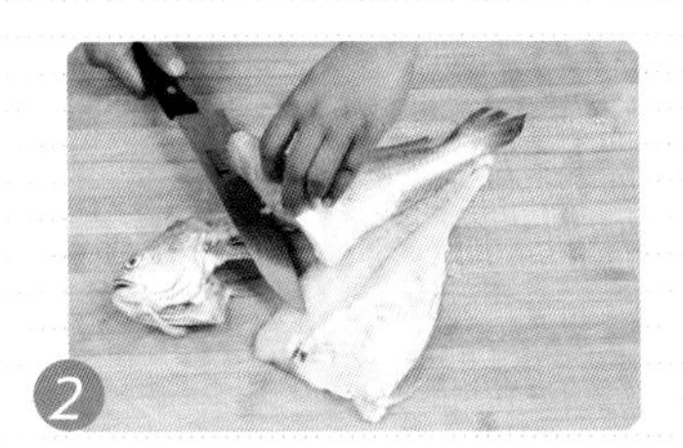

2 黄鱼去鳞、肝脏，清洗干净，剔下两侧鱼肉，备用。

3 将剔下的鱼肉切成约5cm长的丝，加入葱段、姜丝、1大勺绍酒、盐拌匀，腌制片刻。

4 接着加入鸡蛋清、菱粉，继续搅拌均匀。

5 锅中倒入清水，大火煮沸后，放入鱼丝焯熟，捞起滗干，盛入盘中。

6 碗中放入沙茶酱、绍酒、香油，调匀后浇在焯好的鱼丝上，拌匀，即可食用。

Q&A

沙茶鱼丝怎么做才更鲜嫩？

处理黄鱼的时候，要把肝脏、背鳍、鱼皮等部分去除干净，取两侧鱼肉，这样才能保证整道菜的鲜嫩；鱼丝不可切太细，且焯烫时间不可过长，以免鱼丝碎烂；加入绍酒可去腥并快速入味。

中级 45 分钟 3 人

做菜来扫我！

鱼烧白

● 材料：大白菜 1 棵、草鱼 1 条（200g）、鸭蛋 1 个

● 调料：淀粉 1 大勺、熟猪油半碗、骨汤 1 碗、盐 2 小勺、黄酒 1 大勺

制作方法

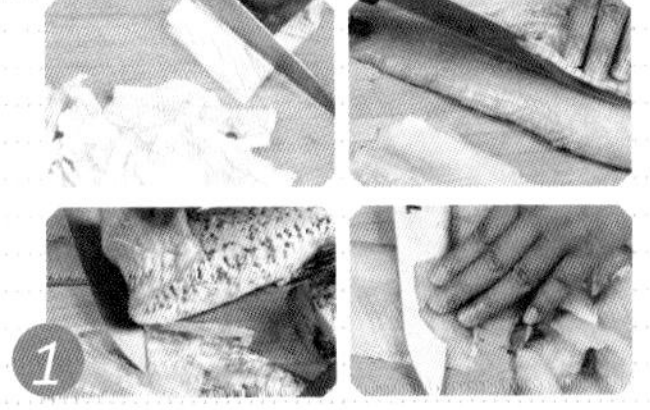

1 大白菜洗净，切成长条块；草鱼洗净，去骨取鱼肉，切成3cm长、2cm宽、0.3cm厚的片。

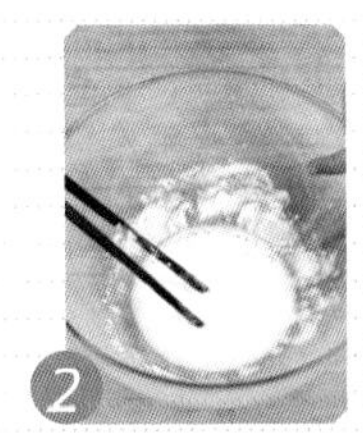

2 鸭蛋取蛋清，用筷子打散，加入淀粉搅成糊，放入鱼片抓匀。

3 炒锅烧热，下熟猪油，烧至五成热时，放入白菜块，炸至发软，盛出滗油。

4 回锅后倒入骨汤，加盐，煨至白菜软烂时，起锅装入汤盘。

5 净锅，烧热后下熟猪油，烧至五成热，放入鱼片过油，起锅滗油。

6 回锅后加入黄酒、盐，颠翻几下，关火，将鱼片铺在白菜上，即可食用。

Q&A

鱼烧白怎么做才鲜香入味？

鱼片裹上鸭蛋清和淀粉后，炸出来会更鲜嫩；大白菜要先过油炸至发软，再回锅加入骨汤煨制，这样做出来的鱼烧白会更加鲜香。

菊花鲈鱼

做菜来扫我！

● 材料：芥蓝 2 棵、鲈鱼 1 条

● 调料：清汤 1 大勺、盐 1 小勺、醋 2 大勺、白糖 4 大勺、番茄酱 1 大勺、淀粉 1 大勺、油 3 碗、水淀粉 1 大勺

中级　50 分钟　2 人

「鲈鱼具有补肝肾、益脾胃、化痰止咳之效，对肝肾不足的人有很好的补益作用；芥蓝是叶菜类中含维生素较多的青菜，其中含有无机碱，能刺激人的味觉神经，增进食欲，还可加快胃肠蠕动，有助消化。」

制作方法

1 芥蓝洗净，取菜叶放入沸水中焯熟，捞出，剪成椭圆形，摆在盘中。

2 碗中依次加清汤、盐、醋、白糖、番茄酱，搅拌成卤汁，备用。

3 鲈鱼处理干净，剁去头尾，剖成两片，剔去鱼骨。

4 鱼肉面用斜刀连片3片，至第3片鱼皮处断刀，再改花刀切菊花状，用淀粉裹匀。

5 锅内倒油，烧至七成热，放入鱼肉，转小火炸至菊花状，捞起滗油。

6 锅中留底油，倒入卤汁，煮沸后用水淀粉勾芡，淋在菊花鲈鱼上，即可食用。

Q&A

菊花鲈鱼怎么做才酸甜酥嫩？

往鲈鱼肉上蘸淀粉时，不可拍得太厚，以免影响酥嫩的口感；此菜为糖醋菜型，白糖、醋的比例为2:1；卤汁勾芡时，需用大火，勾好后立刻浇在鲈鱼上，尽快食用，味道更佳。

做菜来扫我！

吉利虾

- 材料：红辣椒1个、香菇2朵、葱白1段、冬笋1根、洋葱1个、胡萝卜1根、蒜3瓣、鸡蛋1个、对虾10只
- 调料：绍酒1大勺、盐1小勺、胡椒粉1小勺、面粉2大勺、面包糠半碗、猪油1.5碗、水淀粉1大勺
- 卤汁料：骨汤1碗、生抽1大勺、桔汁1大勺、乌醋1大勺、白醋1大勺、白糖1大勺、香油1小勺、水淀粉1大勺

Q&A 吉利虾怎么做才更香脆?

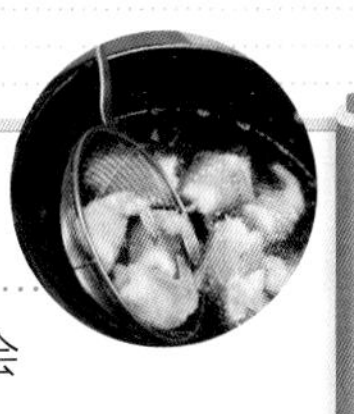

虾肉很嫩，不宜炸过长时间；炸虾肉时，先用大火烧热，再转中火炸，才会外脆里嫩，且稍微提起虾尾，造型会更美观；炸虾球与烹芡汁要同时进行，迅速将芡汁淋在炸好的虾球上，趁热食用，香脆可口。

制作方法

1 红辣椒、香菇去蒂、洗净，葱白洗净，均切丝，备用。

2 冬笋、洋葱、胡萝卜均去皮、洗净，切丝；蒜去皮、洗净，切末，备用。

3 将所有卤汁料拌匀；鸡蛋打入碗中，备用。

剖虾时不用切断虾尾

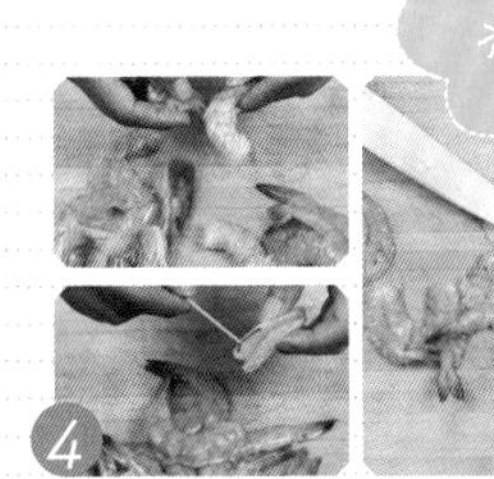

4 对虾洗净，去壳、头，沿背脊剖开两半，挑去虾线，用刀轻拍虾肉至平整。

5 处理好的虾肉中加入绍酒、盐、胡椒粉，腌制片刻。

6 依次将腌好的虾肉蘸匀面粉、鸡蛋液和面包糠。

7 锅内倒入 1 碗猪油，烧至五成热，放入虾肉，炸至金黄，捞出滗油。

8 炸虾肉的同时，另取锅倒入 1 大勺猪油，烧热，加入蒜末和全部丝料煸香。

9 倒入卤汁，煮沸，加水淀粉勾芡，再倒 1 大勺猪油推匀成芡汁，淋在虾肉上，即可食用。

做菜来扫我!

淡糟香螺片

- 材料：香螺肉半碗、冬笋 1 块、花菇 3 朵、葱白 1 段、蒜 3 瓣、姜 1 块

- 调料：绍酒 1 大勺、高汤 4 大勺、白糖 1 大勺、白酱油 1 大勺、香油 1 小勺、水淀粉 1 大勺、油 1 碗、红糟半大勺

「螺肉含有丰富的蛋白质、铁和钙，对目赤、黄疸、脚气、痔疮等疾病有食疗作用。海螺味甘、性冷、无毒，具有清热明目、利膈益胃的功效。另外，吃螺时不可饮用冰水，否则会导致腹泻。」

制作方法

1 香螺肉尾部切除，去污、洗净后，切成薄片；冬笋洗净，切片；花菇洗净，切马蹄片，备用。

2 葱白洗净，斜切成片；蒜和姜均去皮、洗净，切末，备用。

3 香螺片入60℃的热水锅中焯烫，捞出沥干，再用绍酒腌制片刻。

4 葱白中加入高汤、白糖、白酱油、香油、水淀粉，调成卤汁，备用。

5 炒锅倒油，烧至七成热，放入冬笋片炸制，捞出沥油；锅中留底油，煸香蒜、姜，再加红糟略煸。

6 接着放入花菇和冬笋片，倒入卤汁，大火烧沸，放入香螺片，翻炒均匀，即可关火。

Q&A

淡糟香螺片怎么做才鲜香入味？

洗净的螺肉需切为薄片，且厚薄要适中，太厚不易炒熟，太薄容易炒老。将葱白、高汤、白糖、白酱油等调成卤汁，倒入食材中翻炒均匀，做出的香螺片会鲜香入味、美味可口。

中级 40 分钟 2 人

做菜来扫我!

虾仁扒芥蓝

- 材料：芥蓝 6 棵、葱 1 段、虾仁 10 个
- 调料：姜汁 1/4 碗、油 1 大勺、料酒 1 大勺、盐 1 大勺、水淀粉 2 大勺、清汤半碗、白糖 1 大勺、胡椒粉 1 小勺

制作方法

1. 芥蓝去皮，洗净；葱洗净，切葱花，放入姜汁中制成葱姜汁，备用。

2. 虾仁洗净后从脊背片开，深至虾肉的2/3，备用。

3. 锅内倒1大勺油，烧至七成热，放入芥蓝煸炒。

4. 加一半料酒、葱姜汁和盐调味，翻炒至熟，再用1大勺水淀粉勾芡，出锅盛盘。

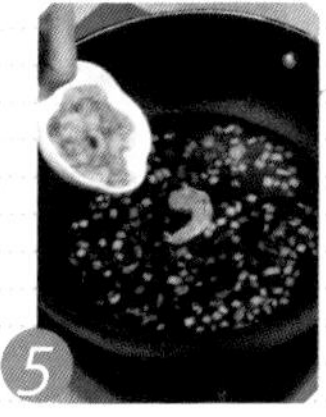

5. 净锅，倒入清汤，加入剩余料酒、葱姜汁和盐，大火烧开，放入虾仁，调入白糖，翻炒均匀。

6. 最后，加胡椒粉调味，用剩余水淀粉勾芡，出锅，倒在芥蓝上，即可食用。

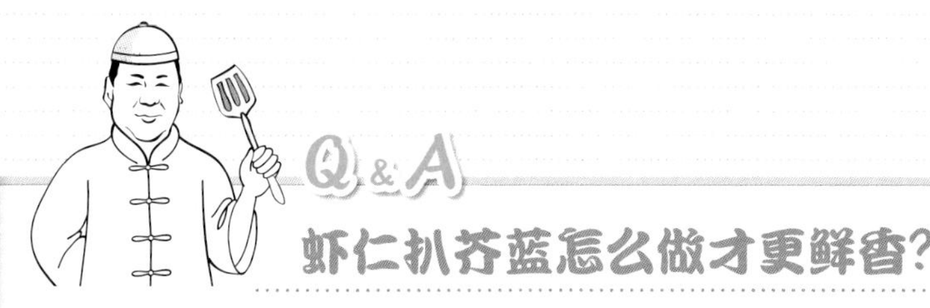

Q&A 虾仁扒芥蓝怎么做才更鲜香?

虾仁洗净后需将脊背片开至虾肉的 2/3，这样更易入味；芥蓝不宜炒过长时间，翻炒片刻即可，这样做出来的虾仁扒芥蓝既清爽可口，又色泽鲜亮。

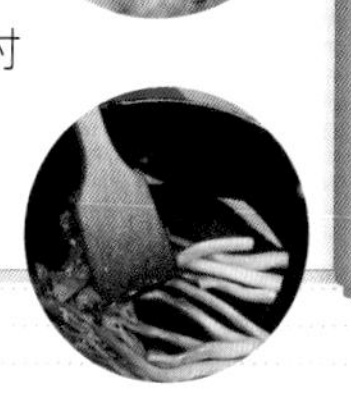

做菜来扫我！

虾片滑肉

- 材料：姜 1 块、蒜 3 瓣、葱 1 段、猪里脊肉 1 块（约 200g）、冬笋 1 块（约 25g）、水发木耳半碗、炸好的虾片 20 片
- 调料：老抽 0.5 大勺、白糖 1 大勺、料酒 1 小勺、醋 1 大勺、高汤半碗、水淀粉 1 大勺、油 1 大勺、豆瓣酱 1 大勺

「虾中含有丰富的钾、铁、磷等矿物质及维生素A、氨茶碱等成分，而且虾肉松软、易消化，对身体虚弱以及需要调养者是极好的食物。虾头中的虾膏壮阳作用较强，能增强人体的免疫力。」

制作方法

姜、蒜去皮、洗净，切末；葱洗净，切成葱花，备用。

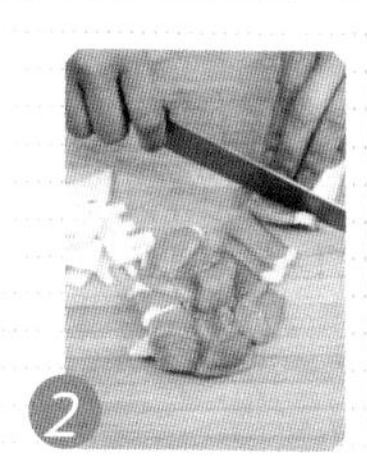

猪里脊肉和冬笋均洗净，切薄片；肉片中调入老抽，腌制入味。

碗中放入白糖、料酒、醋、高汤、水淀粉，调成料汁，备用。

锅中倒入1大勺油，大火烧至三成热，放入肉片炒散，加豆瓣酱，炒出颜色和香味。

依次放入姜、蒜、葱和冬笋、木耳，烹入料汁，翻炒均匀。

最后，放入虾片，翻炒成熟，即可出锅，盛盘食用。

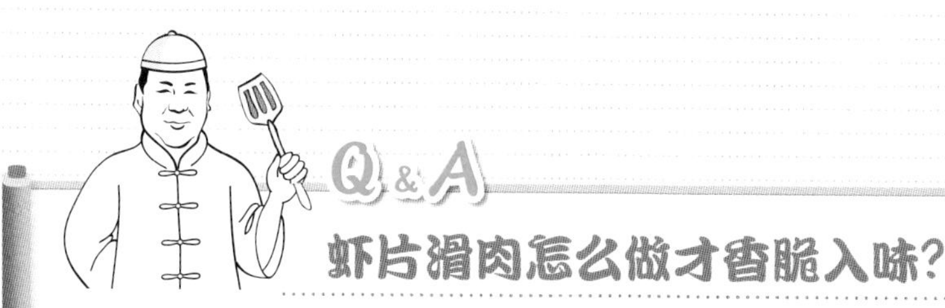

Q&A 虾片滑肉怎么做才香脆入味？

里脊肉切片后，要用老抽腌制片刻，以便入味；翻炒时要烹入用白糖、料酒、醋、高汤等调好的料汁，以使其香嫩可口。另外，炸好的虾片要最后放入，这样吃起来才更香脆。

中级
35 分钟
2 人

做菜来扫我！

二冬鲍鱼

- 材料：鲍鱼 5 个、冬笋 1 块、冬菇 6 朵、香葱 2 根
- 调料：油 1 大勺、高汤 1 碗、盐 1 小勺、料酒 1 大勺、姜汁 1 小勺、水淀粉 1 大勺、香油 1 小勺

制作方法

1 鲍鱼去老边肉，切成圆片；冬笋去皮、洗净，切片；冬菇去蒂、洗净，切“十”字。

2 炒锅倒1大勺油，烧至七成热时，放入冬笋和冬菇煸炒。

3 倒入1碗高汤，大火烧沸，撇去浮沫，加盐、料酒调味。

4 接着放入鲍鱼片，加姜汁，煨煸入味，捞出，汤汁留用；香葱洗净，切葱花。

5 取扣碗，先在碗边码上鲍鱼片，再在中间码上冬菇、冬笋片，扣于盘中。

6 锅中汤汁用水淀粉勾薄芡，淋入香油，浇在鲍鱼片上，撒上葱花，即可食用。

Q&A

二冬鲍鱼怎么做才鲜醇脆嫩？

鲍鱼首先需去掉老边肉，否则会影响口感；烹制鲍鱼时加姜汁，会使整道菜更入味。另外，二冬鲍鱼做好后需用碗扣住，避免鲜味流失。

海蛎含有多种维生素、牛黄酸、肝糖及其他矿物质，能细洁皮肤、补肾壮阳，并能治虚，解丹毒；海蛎还可以清肺补心、滋阴养血，适用于久病血亏或热病后阴津耗伤的烦状不寐、心神不安等症。
中级
30分钟
3人

做菜来扫我！

海蛎豆腐汤

● 材料：葱 1 段、香菜 3 根、蒜 2 瓣、香菇 2 朵、豆腐 1 块、海蛎 15 只（约 300g）

● 调料：油 1 大勺、盐 1 小勺、胡椒粉 1 小勺、水淀粉 1 大勺、香油 1 小勺

制作方法

1 葱洗净，葱绿切段，葱白切葱花；香菜洗净，切段；蒜去皮、洗净，切片。

2 香菇去蒂、洗净，切片；豆腐洗净，切约2cm 见方的小方块，备用。

3 海蛎放清水中洗去皮渣。

4 锅中倒油，烧至五成热，爆香葱花和蒜片，放入豆腐稍煎片刻，再加香菇炒香。

5 接着倒入清水，大火烧沸，放入海蛎，加盐和胡椒粉调味，继续烧沸。

6 用水淀粉勾薄芡，烧开后撒上葱段、香菜段，淋入香油，即可出锅。

Q&A

海蛎豆腐汤怎么做才鲜美醇香？

海蛎豆腐汤中加入香菇，味道会更鲜美；处理海蛎时，在水中捞一下即可，以免破坏其鲜味；海蛎放入锅中后，不要煮太久，成熟即可。

虾枣汤

做菜来扫我!

● 材料：香菜 2 根、荸荠 4 个、肥膘肉 1 块（约 40g）、虾仁半碗、鸡蛋清 1 份

● 调料：盐 2 小勺、油 1 碗、高汤 1 碗、胡椒粉 1 小勺

中级　50 分钟　3 人

「虾营养丰富，蛋白质含量是鱼、蛋、奶的几倍甚至十几倍，而且虾中含有丰富的钾、碘、镁、磷等微量元素，肉质松软，易消化，对身体虚弱以及病后需要调养的人来说是极好的食物。」

制作方法

1 香菜洗净，切碎；荸荠去皮、洗净，切成小丁，挤干水分，备用。

2 肥膘肉洗净，切成小丁；虾仁洗净，挑去虾线，挤干水分，剁成虾泥，备用。

3 依次将荸荠丁、肉丁、虾泥放入碗中，加入鸡蛋清和1勺盐，顺时针搅拌成虾枣泥。

4 锅中倒油，烧至四成热，取虾枣泥挤成丸子，放入锅内炸至浮起，成虾枣，捞出沥油。

5 净锅，倒入1碗高汤，大火烧沸后，放入炸好的虾枣，撇去浮油。

6 加入盐、胡椒粉调味，撒入香菜，一碗香喷喷的虾枣汤就做好啦。

虾枣汤怎么做才清脆鲜醇？

虾枣中放入荸荠，可以增加脆嫩感；荸荠和虾肉要挤干水分，这样炸出来的虾枣才更香脆；虾枣泥沿着同一个方向搅拌，做出来的虾枣会更有弹性；煮虾枣时，表面会有浮油，需撇干净。

做菜来扫我!

蓝花晶鱼

- 材料：葱 1 根、姜 1 块、西兰花 1 棵、晶鱼 3 条
- 调料：胡椒粉 1 小勺、盐 2 小勺、料酒 2 大勺、白糖 1 小勺、油 2 大勺

「晶鱼含有高蛋白，可以补充营养；西兰花含有较高维生素C，具有防癌抗癌的功效，在防治胃癌、乳腺癌方面效果尤佳；另外，西兰花富含抗坏血酸，能增强肝脏的解毒能力，提高免疫力。」

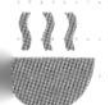

制作方法

葱洗净，切段；姜去皮、洗净，切片；西兰花洗净，切块，备用。

晶鱼处理干净，鱼身两面切“十”字花刀，加入胡椒粉、一半的盐和料酒、白糖腌制。

将腌制好的晶鱼放入蒸锅，撒上葱、姜，大火蒸熟，取出后拣去葱、姜。

炒锅内倒入2大勺油，烧沸后舀出一半，浇在蒸好的晶鱼上。

西兰花倒入盛有另一半油的锅内，加剩余的料酒、盐，煸炒至熟。

盛出西兰花，装饰在晶鱼周围，即可食用。

Q&A

蓝花晶鱼怎么做才更香嫩?

晶鱼处理干净后，需在鱼身划“十”字花刀，这样可以迅速入味；倒在晶鱼上的油，一定要用大火烧沸，这样浇上后晶鱼才会更脆香。另外，西兰花需用大火炒制。

做菜来扫我!

扳指干贝

- 材料：干贝半碗、小油菜 3 棵、白萝卜 1 根

- 调料：干贝汁 1 碗、盐 2 小勺

「干贝富含蛋白质、碳水化合物、核黄素和钙、磷、铁等多种营养成分，具有滋阴补肾、和胃调中功能，可治疗头晕目眩、咽干口渴、虚痨咳血、脾胃虚弱等症，常食有助于降血压、降胆固醇、补益健身。」

制作方法

1 干贝放入清水中，泡发洗净；小油菜择洗干净，备用。

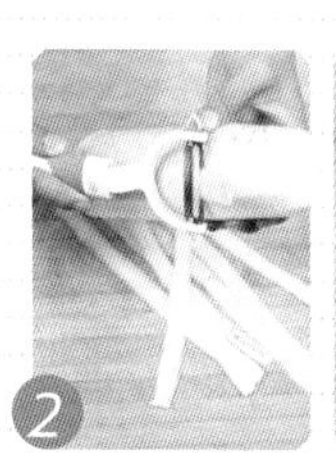

2 白萝卜去皮、洗净，切成1.65cm长的段，用刀将横切面削成萝卜柱。

3 再用刀将每个萝卜柱扎透，去掉萝卜心，使其呈“扳指”形状。

4 在每个萝卜“扳指”里填入干贝，完成后放入碗中，浇上2大勺干贝汁。

5 接着放入蒸锅，大火蒸熟后取出，滗干蒸汁，然后倒扣于盘中。

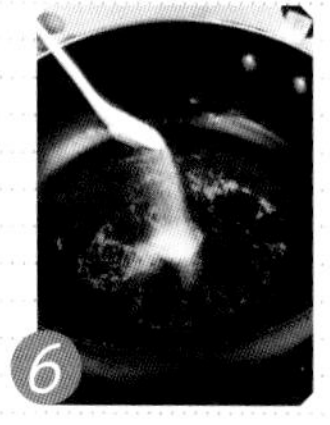

6 炒锅烧热，倒入干贝汁及蒸汁，大火煮沸后加盐调味，淋在“扳指干贝”上，摆上小油菜即可。

Q&A

扳指干贝怎么做才美观可口？

做扳指干贝，最关键的是制作萝卜“扳指”，可以用刀削，也可以用不同直径的圆形薄铁筒制作；另外，干贝汁是这道菜的一个关键，“扳指干贝”浇上干贝汁，再蒸制片刻，香浓爽滑，美味可口。

做菜来扫我!

鸡汤氽海蚌

- 材料：香菜1根、牛肉1块（约750g）、猪里脊肉1块（约750g）、母鸡1只、海蚌4只
- 调料：盐1小勺、料酒1大勺、白酱油1大勺

鸡汤氽海蚌怎么做才更鲜美？

制作精美鸡汤时，留下鸡血水和鸡胸肉，可用来去除鸡汤内的杂质；海蚌放入沸水中不要煮太长时间，六成熟即可取出；煮好的蚌肉用料酒腌制可去腥。

制作方法

1 香菜洗净，切碎；牛肉洗净，切块；猪里脊肉洗净，切块，备用。

2 母鸡宰杀干净，留下鸡胸肉和鸡血水备用，其余肉切块。

3 牛肉、猪肉、鸡肉依次放入沸水焯烫，撇去浮沫，取出盛入盘中。

4 肉块放入蒸锅蒸约 3 小时，去肉留汤，滤去杂质和浮油，制成鸡汤。

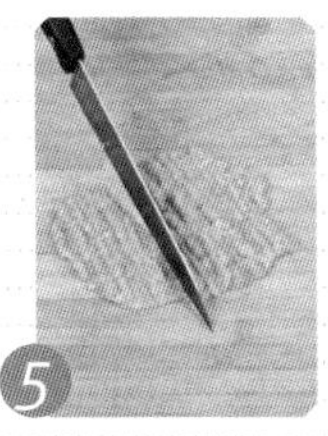

5 鸡胸肉剁成茸，加入鸡血水、盐调匀，捏成鸡肉球，放入鸡汤，煮约 5 分钟。

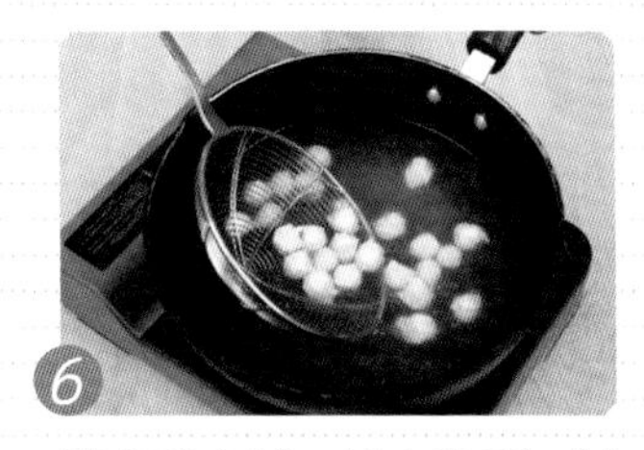

6 捞出鸡肉球，滤去杂质，制成精美鸡汤，备用。

7 海蚌肉去壳取出，每片均切成两片，洗净后放入沸水，煮至六成熟，捞出去蚌膜。

8 煮好的蚌肉中加料酒腌制片刻，滗干酒汁后，加入精美鸡汤稍浸片刻，再滗净汤汁。

9 锅中倒入精美鸡汤，煮沸，加入白酱油调味，浇在蚌肉中，撒上香菜即可。

鲷鱼富含蛋白质、钙、钾、硒等营养元素，具有补胃养脾、祛风、运食的功效；玉米笋含有丰富的维生素、蛋白质、矿物质，并具有独特的清香，口感甜脆、鲜嫩可口。

中级 50分钟 3人

做菜来扫我！

红糟鱼片

- 材料：蒜 3 瓣、姜 1 块、青蒜 1 根、红辣椒 1 个、玉米笋 6 根、鲷鱼 1 条
- 调料：盐 1 小勺、鸡粉 1 小勺、乌醋 1 大勺、胡椒粉 1 小勺、米酒 2 大勺、太白粉 2 大勺、油 1 碗、红糟 1 大勺、白糖 1 小勺、香油 1 小勺

制作方法

1 蒜和姜去皮、洗净，切末；青蒜洗净，切段；红辣椒洗净，切片。

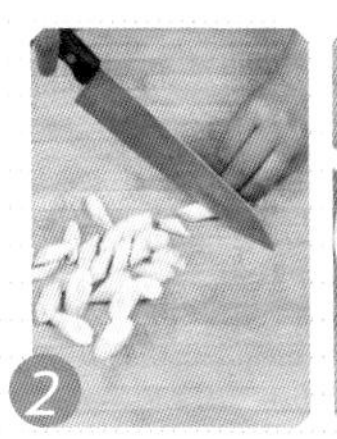

2 玉米笋洗净，斜切成段；将盐、鸡粉、乌醋、胡椒粉、1大勺米酒调成料汁，备用。

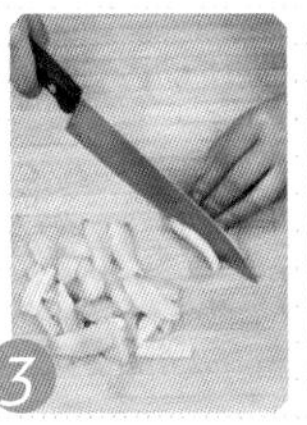

3 鲷鱼洗净，切小片，加入料汁拌匀，腌制10分钟，再加入1大勺太白粉拌匀。

4 锅中倒入1碗油，烧热，放入鲷鱼，炸片刻，立即捞出，滗油。

5 锅中留底油，放入蒜、青蒜、红辣椒、姜炒香，接着放入玉米笋炒软。

6 加入鲷鱼、红糟、米酒、白糖炒至入味，最后用太白粉水勾芡，淋入香油即可。

Q&A

红糟鱼片怎么做才香嫩入味？

红糟选用酿造时间较长的作原料，才能更入味；鲷鱼洗净切片后，先用料汁和太白粉腌片刻，味道会更鲜美；鲷鱼炸时不可时间过长，过下油即可捞出，这样炸出的鱼才会更香嫩。

做菜来扫我!

厦门蚵仔煎

- 材料：海蛎肉10个、鸡蛋1个、小白菜1棵
- 调料：蚝油1小勺、料酒1大勺、红薯淀粉4大勺、土豆淀粉4大勺、油2小勺、番茄酱2小勺

「牡蛎肉含有丰富的微量元素和氨基酸，是补钙的最好食品；红薯淀粉中的红薯含有多种人体需要的营养物质，而且热量很低，吃多了也不会发胖。」

制作方法

1 新鲜海蛎肉洗净，加蚝油、料酒抓匀，腌制15分钟；鸡蛋打成蛋液。

2 红薯淀粉和土豆淀粉中加入2倍水，拌匀成面糊；小白菜洗净，撕成小片。

3 平底锅中倒入油，摇晃均匀，加入腌好的海蛎，用中火煎2分钟。

4 接着倒入面糊，摊成圆饼，放入撕好的青菜叶。

5 待面糊凝固成半透明状时，打入鸡蛋液。

6 鸡蛋液凝固后，翻面煎至金黄，倒扣出锅，淋上番茄酱，即可食用。

Q&A

蚵仔煎怎么做外形更加美观？

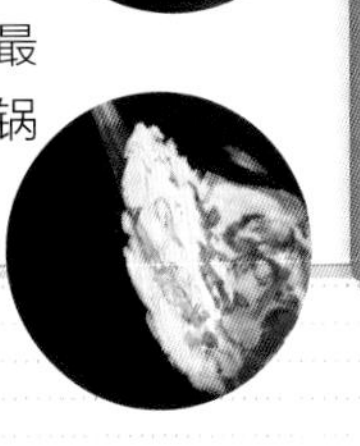

做蚵仔煎所用的红薯淀粉很黏，所以在煎的时候要及时翻面，避免粘锅。最好选用平底锅，倒入油后摇晃均匀，可以避免粘锅。出锅时可将蚵仔煎从锅里倒扣出来以保持形状，淋上番茄酱，更加美观好吃。

墨鱼含有碳水化合物和维生素 A、B 族维生素等多种营养物质，具有养血、通经、补脾、益肾、滋阴、调经之功效，可用于治疗妇女经血不调、水肿、湿痹、痔疮、脚气等症。

中级 1 小时 2 人

五彩珍珠扣

做菜来扫我！

● 材料：葱 1 根、冬笋 1 块、胡萝卜 1 根、香菇 2 朵、黄瓜 1 根、墨鱼 1 条

● 调料：姜汁 1 小勺、盐 2 小勺、鸡蛋清 1 份、油 1 碗、高汤 1 大勺、香油 1 小勺、水淀粉 1 大勺

Q&A 五彩珍珠扣怎么做才鲜美质嫩?

剁鱼浆时铺上一层猪皮，可以保持鱼浆洁净；鱼浆一定要剁烂成泥，剔净筋膜等杂质，且要顺着同一个方向搅拌，这样肉质才会更有韧性、不失营养。

制作方法

1 葱洗净，切段，备用。

2 冬笋和胡萝卜去皮、洗净，香菇去蒂、洗净，黄瓜洗净，均切菱形片，备用。

3 依次将香菇、冬笋、黄瓜和胡萝卜放入沸水中，焯烫片刻，沥干水分。

4 墨鱼洗净，去头，用刀剁成泥，备用。

5 墨鱼泥中加姜汁、1 小勺盐、鸡蛋清，顺着同一个方向搅拌成鱼浆。

6 锅中倒入温水，取鱼浆挤成珠形鱼扣，放入锅中，小火煮沸，至鱼扣浮出水面，捞出沥干。

7 净锅，倒入 1 碗油，烧至八成热时，放入鱼扣，小火炸制片刻，捞出沥油。

8 锅中留底油，放入葱段和焯过的香菇、黄瓜、冬笋和胡萝卜，翻炒片刻。

9 接着放入炸好的鱼扣，调入盐、高汤、香油，用水淀粉勾薄芡，煮熟即可。

蒜香鱿鱼环

做菜来扫我!

● 材料：葱白 1 段、蒜 3 瓣、红辣椒 1 个、鲜鱿鱼 1 只

● 调料：油 1 大勺、生抽 1 大勺、香油 1 小勺

鱿鱼富含钙、磷、铁元素，利于骨骼发育和造血，能有效治疗贫血。鱿鱼还含有丰富的DHA、EPA等高度不饱和脂肪酸和牛磺酸。食用鱿鱼可有效预防血管硬化，补充脑力，预防老年痴呆症。

制作方法

1 葱白洗净，切丝；蒜去皮、洗净，切末；红辣椒去蒂、籽，洗净，切丝，备用。

2 鲜鱿鱼去头、膜、肚，冲洗干净，备用。

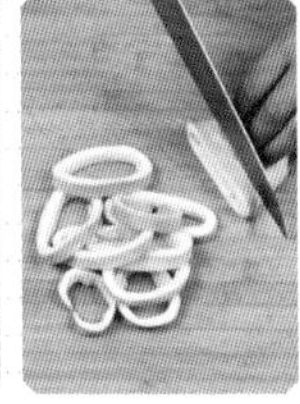

3 锅中倒入清水，大火煮沸后放入鱿鱼焯烫片刻，捞出，横切成0.7cm宽的圆环。

4 净锅，倒入1大勺油，放入蒜末，煸炒至香。

5 加入葱白、红辣椒，调入生抽和香油，翻炒均匀。

6 最后，均匀地淋在鱿鱼环上，即可食用。

Q&A 蒜香鱿鱼环怎么做才鲜香可口？

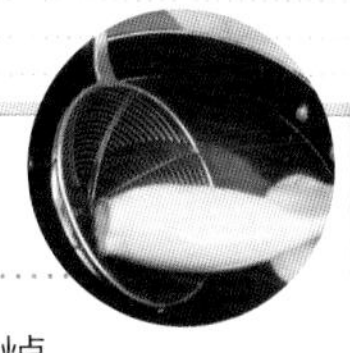

做蒜香鱿鱼环时，首先，要采用新鲜的鱿鱼，处理干净后放入沸水中稍微焯烫即可；其次，先爆香蒜末，再加入葱白、红辣椒，调入生抽和香油，既增添了蒜香风味，又使这道菜鲜香可口。

海蜇味甘、咸，性平，营养极为丰富，有清热解毒、化痰软坚、降压消肿之功效；而萝卜能增强人体免疫力，有抗癌作用，并可减轻癌症病人的化疗反应，对多种脏器有保护作用。

中级　40 分钟　2 人

胡萝卜拌蜇丝

做菜来扫我！

- 材料：海蜇丝 1 袋（约 300g）、胡萝卜半根、香菜 1 根、香葱 2 根
- 调料：盐 2 小勺、香油 1 大勺、白糖 2 小勺、白醋 1 大勺

Q&A 海蜇丝怎么做才能Q弹爽脆？

海蜇丝需提前用清水浸泡，焯烫时水温不可过高，用 80℃热水焯烫 15 秒即可，否则会化掉。焯水后迅速投入凉水中，用时尽可能地挤干水分。海蜇丝中加入醋，不仅可以去除异味，还有提鲜的作用。

制作方法

1 海蜇丝用刀剔去红膜，在清水中浸泡3小时，中间换水3次。

2 将海蜇丝捞出，滗干水分，切成5cm长的细丝，备用。

3 将海蜇丝放入滤网，在80℃热水中迅速焯烫，捞出过凉，滗干水分。

4 胡萝卜洗净，切丝，加1小勺盐，拌匀，腌制10分钟，滗出渗出的水分。

5 香菜去根、洗净，切成小段，备用。

6 香葱洗净，切葱花，放入碗中，备用。

7 炒锅烧热，倒入香油，烧至六成热，淋入葱花碗中，制成葱油。

8 将胡萝卜丝和海蜇丝混合均匀，加入1小勺盐和白糖，拌匀。

9 最后，淋入葱油、白醋，撒上香菜，拌匀，即可食用。

甜点主食

扁肉燕、太极芋泥、厦门沙茶面……
口感细腻的传统小吃！

炸五香条

做菜来扫我！

福建炒饭

- 材料：鸡胸肉 1 块（约 60g）、虾仁 10 个、香菇 2 朵、西红柿半个、葱 1 段、鸡蛋 2 个、白米饭 1 碗
- 调料：油 2 大勺、盐 1 小勺、白胡椒粉 1 小勺、高汤 1 碗、蚝油 1 大勺、老抽 1 小勺、白糖 1 小勺、太白粉半碗、香油 1 小勺

Q&A 福建炒饭怎么做才鲜香好吃？

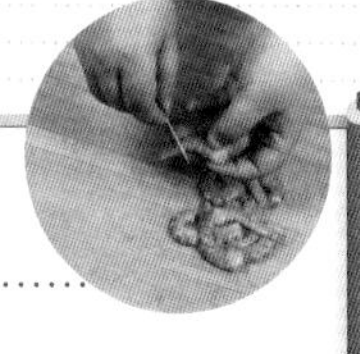

虾仁挑去肠泥，可去腥。福建炒饭的特色是炒饭底、烩饭料，所以太白粉水要够浓才会好吃；另外，可依个人口味加入干贝或海参。

制作方法

1 鸡胸肉洗净，虾仁挑去肠泥，均切成小丁，备用。

2 香菇去蒂、洗净，西红柿洗净、去皮，均切成小丁，备用。

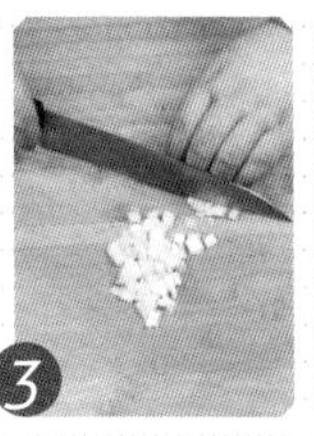
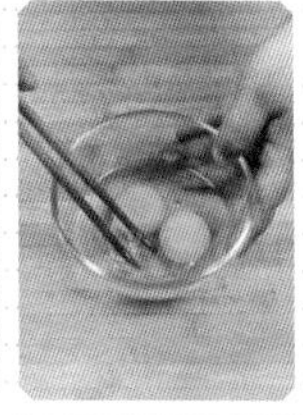

3 葱洗净，切成葱花；鸡蛋打入碗中，搅拌均匀，备用。

4 锅中倒入 1 大勺油，烧至五成热，倒入鸡蛋液，搅散炒匀。

5 再倒入白米饭和葱花，加盐和白胡椒粉调味，翻炒均匀，盛出装盘。

6 净锅，倒入 1 大勺油烧热，放入鸡肉和虾仁，煸炒 2 分钟，关火盛出。

7 另起锅，倒入高汤，大火煮沸，依次放入鸡肉、香菇、虾仁和西红柿，加蚝油、老抽和白糖调味。

8 煮沸后，将太白粉与清水以 1:1 的比例调制成太白粉水，倒入锅中勾厚芡，再淋入 1 小勺香油。

9 待汤汁稍收，倒入已炒好的蛋炒饭上，即是美味的福建炒饭啦。

芋头含有蛋白质、钙、铁、胡萝卜素等多种营养元素，能增强人体免疫功能，可防治癌瘤；芋头作为碱性食品还能中和体内积存的酸性物质，调节人体酸碱平衡，有美容养颜、乌黑秀发的功效。

中级 35分钟 3人

做菜来扫我！

太极芋泥

● 材料：槟榔芋 1 个、红枣 1 碗、糖冬瓜条 2 个、樱桃 2 颗、瓜子仁 1 大勺

● 调料：白糖 2 大勺、猪油 1 大勺

制作方法

1 芋头洗净、去皮，切成4块，放入蒸锅，大火蒸约1小时，取出。

2 将蒸熟的芋头用刀压成泥状，拣去粗筋，芋头泥放入碗内。

3 红枣洗净，去皮、核，切碎后分成2份；糖冬瓜条切丁，备用。

4 碗内放入一半红枣碎，加白糖，放蒸锅笼屉上，蒸约15分钟，取出。

5 锅内倒入猪油，小火烧热，放入蒸过的红枣碎，搅成糊状，取出后放入盛有芋头泥的碗内。

6 将芋头泥和红枣泥码成太极状，用剩下的红枣碎和樱桃、瓜子仁、糖冬瓜条装饰成太极图案即可。

Q&A

太极芋泥怎样做才细腻滑润？

芋头内有粗筋，蒸熟后一定要剔除，同时红枣要去皮去核，这样才能保证芋头泥整体的细腻；加入猪油烧制，可使芋头泥更加滑润可口；也可以用红豆沙来替代红枣，吃起来口感会更细腻。

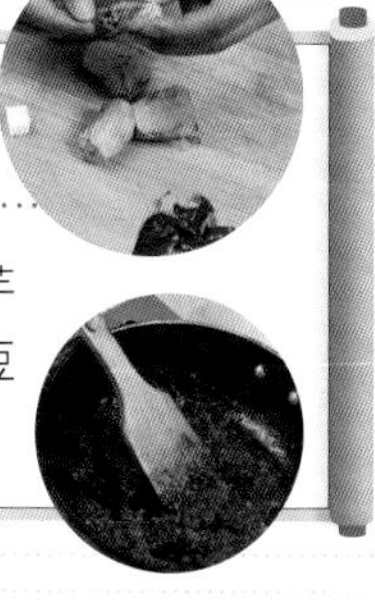

做菜来扫我！

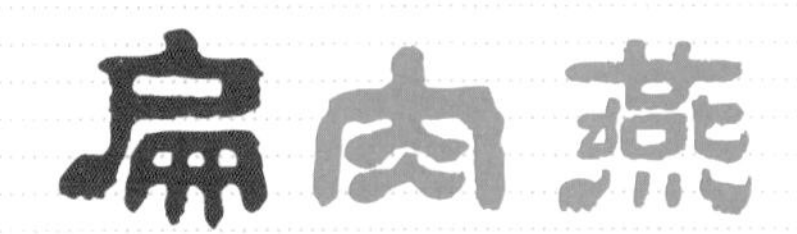

- 材料：葱 1 根、荸荠 5 个、香菜 1 根、猪肉馅半碗（约 200g）、肉燕皮 30 张
- 调料：盐 1 大勺、生抽 1 大勺、白糖 1 小勺、高汤 2 碗、醋 1 小勺、香油 1 小勺、胡椒粉 1 小勺

扁肉燕寓意平安吉祥，可作为婚宴或节日上的菜肴；扁肉燕用肉燕皮制作而成，肉燕皮选取新鲜精肉作原料，且制作过程复杂细腻，包括剔肉、捶打等，营养丰富，吃起来有燕窝风味，非常爽口。

制作方法

1 葱洗净，切段；荸荠去皮、洗净，切小丁；香菜洗净，切段，备用。

2 猪肉馅内放入葱花、荸荠丁、盐、生抽和白糖，搅拌均匀。

3 取1张肉燕皮包入肉馅，收口包紧；依此法包出所有肉燕。

4 将包好的肉燕整齐地码在篦子上，放锅内大火蒸约15分钟，取出。

5 另起锅，倒入高汤，大火烧开后放入蒸好的肉燕，煮开。

6 碗中放醋、香油和胡椒粉，调匀，倒入煮好的肉燕中，撒上香菜，即可食用。

Q&A

扁肉燕怎么做才爽口不腻?

肉燕皮最好选购福建当地的，比较新鲜且颇有燕窝风味，吃起来更爽口；扁肉燕蒸出来后即可食用，但为了吃起来更爽口美味，一般还要放入清水或高汤内煮食；煮出来的扁肉燕中放入几片菜叶，有助于提鲜。

「海蟹富含蛋白质等多种元素，具有清热解毒、补骨添髓、养筋活血功效，对于瘀血、黄疸、腰腿酸痛和风湿性关节炎等有一定的食疗效果；螃蟹是高蛋白补品，跌打损伤、筋断骨碎的人可食用。」

中级　60分钟　2人

做菜来扫我！

海蟹糯米粥

- 材料：姜 1 块、香芹 1 棵、洋葱 1 个、海蟹 1 只（约 50g）、糯米半碗（约 150g）
- 调料：料酒 1 大勺、盐 2 小勺

制作方法

1 姜去皮、洗净，切丝；香芹和洋葱分别洗净，切丁，备用。

2 将海蟹用刷子清洗干净，入清水，大火煮沸，淋入料酒，转小火，待蟹壳变红，关火取出。

3 海蟹稍凉后，剥离蟹肉，切成蟹茸状，备用。

4 蟹壳敲碎，放入纱布袋，扎紧袋口，放入锅中。

5 糯米洗净，倒入锅中，大火煮沸后转小火煮30分钟，捞出纱布袋。

6 糯米煮熟后，加蟹肉茸、盐、姜、香芹和洋葱拌匀，煮沸即可。

Q&A

海蟹糯米粥怎么做才味道鲜美？

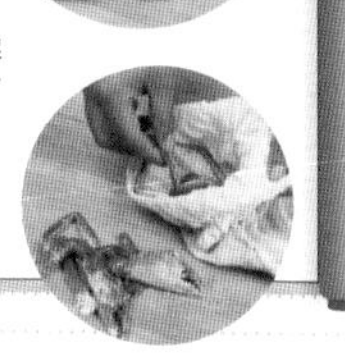

海蟹内残留细小的污物，需用刷子清洗，这样会更加干净卫生；煮熟的海蟹取出蟹茸后，蟹壳不要扔，可放在纱布袋里与糯米粥同煮，使粥鲜味十足，且蟹壳用纱布袋包住，可防止坚硬的蟹壳散落在锅中。

双钱蛋菇

做菜来扫我!

- 材料：鸡蛋 2 个、猪小肠 1 根、丝瓜 1 根、猪肉 1 块、蒜 3 瓣、香葱 1 根
- 调料：盐 2 小勺、生抽 1 小勺、料酒 1 大勺、白开水 2 大勺、油 1 大勺、高汤 1 碗、醋 1 小勺、辣椒粉 1 小勺

中级　1 小时　2 人

双钱蛋菇怎么做才更香嫩？

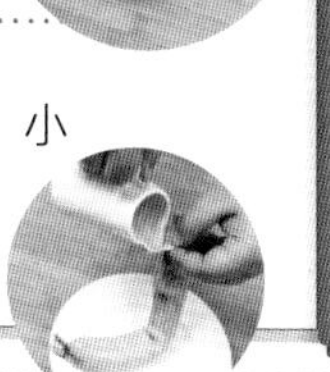

灌入小肠的鸡蛋液中提前加入生抽、料酒、盐等调料，做出来后会更鲜嫩；小肠灌满鸡蛋液后，一定要绑紧。

制作方法

1 鸡蛋打入碗里，倒入 1 小勺盐、生抽、料酒和 2 大勺白开水，拌匀，备用。

2 猪小肠洗净，一头绑起来，另一头灌入搅拌均匀的蛋液，绑紧。

3 锅中倒入清水，煮沸后，放入小肠，转小火慢煮 40 分钟，捞出晾凉。

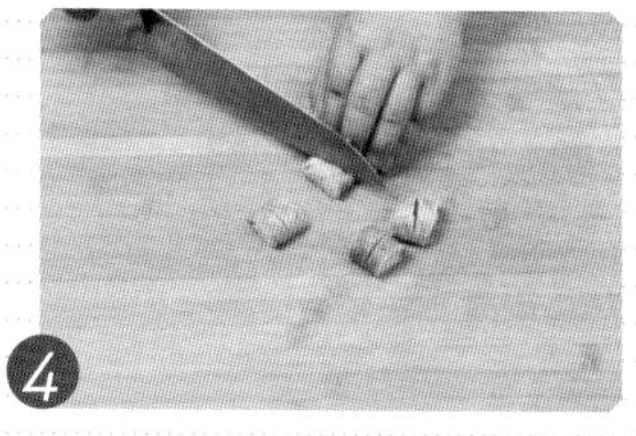

4 将小肠切成 2cm 长的段，每段中间再划一刀，成双钱状。

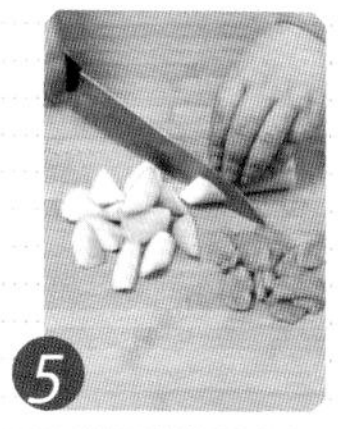

5 丝瓜去皮，切滚刀块；猪肉洗净，切小片；蒜去皮，切片；香葱洗净，切葱花。

6 锅中倒 1 大勺油，放入蒜片爆香。

7 倒入 1 碗高汤，大火煮沸后，依次放入丝瓜和猪肉。

8 待肉片变色后，放入“双钱蛋菇”，煮至蛋菇凹凸出来即可。

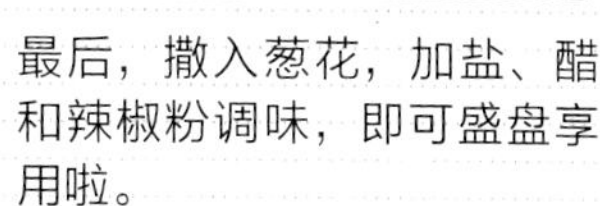

9 最后，撒入葱花，加盐、醋和辣椒粉调味，即可盛盘享用啦。

做菜来扫我！

炸五香条

● 材料：荸荠 4 个、香葱 3 根、胡萝卜半根、五花肉丁半碗（约 300g）、鸡蛋 1 个、豆腐皮 4 张

● 调料：生抽 1 大勺、绍酒 2 小勺、盐 2 小勺、白糖 1 小勺、五香粉 1 大勺、香油 1 小勺、淀粉 1 大勺、水淀粉 1 大勺、油 1 碗

中级　30 分钟　2 人

「豆腐皮性平味甘，可清热润肺、止咳消痰，且豆腐皮含有高蛋白、氨基酸，可提高免疫力、延年益寿；另外，豆腐皮中还含有大量的卵磷脂，可防治血管硬化，预防心血管疾病，保护心脏。」

制作方法

1 荸荠去皮、洗净，切丁；香葱洗净，切葱花；胡萝卜去皮，切丝，备用。

2 五花肉丁中加入生抽、绍酒、盐、白糖、五香粉、香油和葱花，搅拌均匀。

3 接着加入鸡蛋、荸荠、胡萝卜和淀粉，搅拌成馅料。

4 将馅料包入豆腐皮，卷成约3cm长的“五香条”；依此法卷出所有五香条。

5 用水淀粉将卷好的五香条封口，包紧。

6 锅中倒油，烧至五成热时，放入五香条，小火炸至金黄色，捞出沥油，即可食用。

Q&A 炸五香条怎么做才外酥里嫩？

五花肉丁中加生抽、绍酒、盐、白糖、五香粉等调味，不仅可去腥，更可提鲜增香。五香条刚放入锅中炸时，要立马翻动一下，防止粘锅；另外，用中小火炸制，才会外酥里嫩。

做菜来扫我！

八宝鲟饭

- 材料：香葱1根、姜1块、糯米半碗、花生仁2大勺、虾米1大勺、鸭肉1块、猪肚1块、鸭肫1块、香菇4朵、冬笋1块、火腿1块、红鲟1只
- 调料：猪油1大勺、黄酒5大勺、高汤1碗、白酱油1大勺、水淀粉1大勺、香油1小勺

Q&A 八宝鲟饭怎么做才鲜香美味？

八宝鲟饭内加入黄酒可去除蟹的腥味并提鲜；蒸饭时，将蟹盖扣在饭上可以保存八宝鲟饭的鲜香；红鲟的腮等内脏含有大量细菌和毒素，一定要清洗干净，且吃蟹时和吃蟹后 1 小时内忌饮茶水。

制作方法

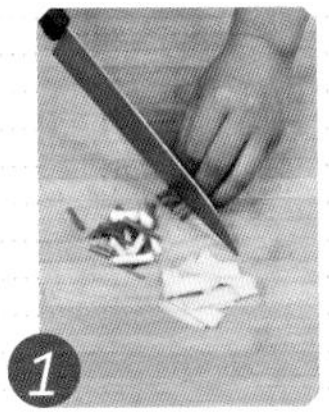

1 香葱洗净，切段；姜去皮、洗净，切片；糯米洗净，蒸熟成糯米饭，备用。

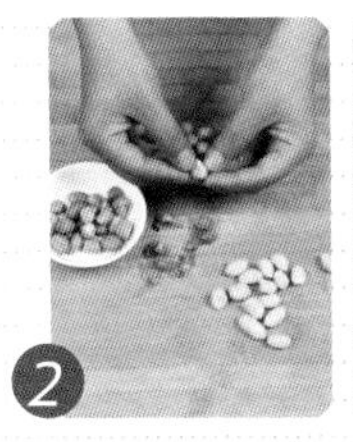

2 花生仁去红衣，放入蒸锅，蒸烂后取出，备用。

3 虾米洗净，入沸水稍微煮一下捞出，接着放入蒸锅，大火蒸 10 分钟，取出。

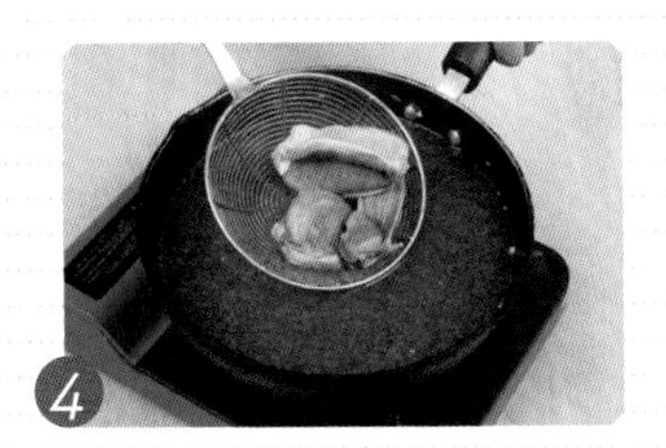

4 鸭肉、猪肚、鸭肫洗净，煮熟；香菇去蒂，洗净；冬笋去皮、洗净。

5 熟火腿肉、鸭肉、猪肚、鸭肫、香菇、冬笋均切成小丁，备用。

6 糯米饭中放入步骤 5 中全部食材和花生仁、虾米，加猪油、黄酒拌匀成八宝饭。

7 红鲟洗净，去脐、鳃、壳、小腿，取出鲟肉，鲟盖留用。

8 鲟肉切片，放在八宝饭上，加葱姜，扣上鲟盖，入蒸锅，大火蒸熟后取出，拣去葱姜。

9 另起锅，倒入高汤，大火煮沸后加白酱油，用水淀粉勾薄芡，淋入香油，浇在八宝鲟饭上即可。

厦门沙茶面

做菜来扫我！

● 材料：姜 1 块、蒜 3 瓣、香葱 4 根、猪肉 1 块（约 80g）、猪肝 1 块（约 100g）、青菜 1 把、虾仁 5 个、面条 1 把、油豆腐 5 块

● 调料：花生酱 1 大勺、料酒 3 大勺、淀粉 2 大勺、盐 2 小勺、油 2 小勺、高汤 1 碗、番茄酱 1 大勺、沙茶酱 3 大勺、白糖 1 小勺、生抽 1 大勺、胡椒粉 1 小勺

中级　40 分钟　2 人

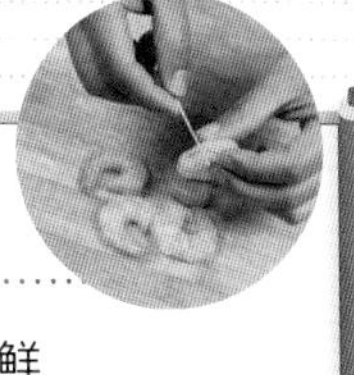

厦门沙茶面怎么做才更鲜美？

汤汁一定要用高汤，这样可增加鲜味；另外，用小火煮，汤汁的味道才更鲜美。虾仁一定要去掉虾线，这样才能去腥；沙茶面最好用碱水面，面无酸味，口感更佳，且易于消化吸收。

制作方法

1 姜切片；蒜切末；香葱洗净，一半打成结状，一半切葱花；花生酱用温水泡开拌匀。

2 猪肉、猪肝洗净，切片；青菜洗净；虾仁去虾线，洗净，备用。

3 猪肉片、猪肝片分别用料酒、淀粉抓匀；虾仁用料酒、盐、淀粉抓匀，备用。

4 锅内倒入清水，大火煮沸，加入 1 小勺油、一半姜片、葱结和 1 大勺料酒。

5 猪肉、猪肝、虾仁分别放锅内焯熟，捞出沥干水分，备用。

6 净锅，加清水，大火煮沸，放入面条，煮熟后捞出，加 1 小勺油拌匀，备用。

7 净锅，倒入高汤，加剩余料酒和姜片，煮沸后放入油豆腐，继续煮 5 分钟。

8 加花生酱、番茄酱、沙茶酱、蒜末、盐、白糖、生抽、胡椒粉调味，转小火煮 10 分钟。

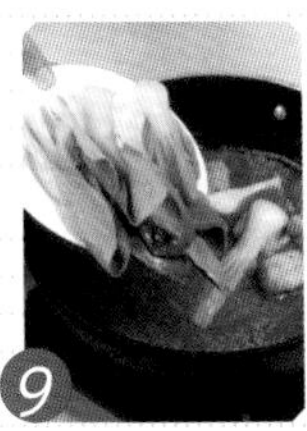
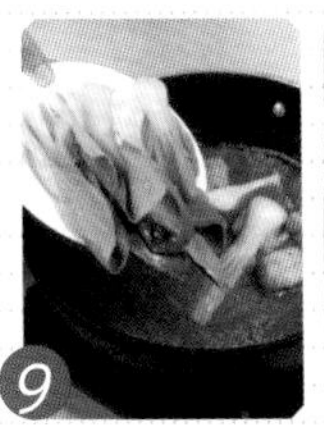
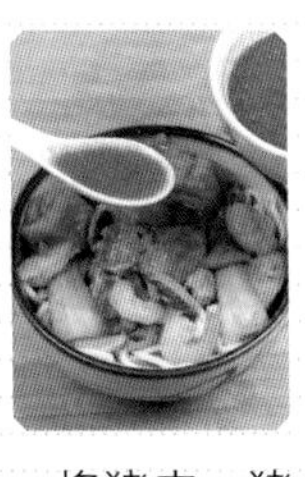

9 放入青菜煮熟；将猪肉、猪肝、虾仁、油豆腐和青菜倒在面条上，浇上汤汁，撒上葱花，即可食用。

初级 15分钟 1人

做菜来扫我！

飘香葱油拌面

- 材料：细挂面 1 把（约 100g）、香葱 2 根、葱 1 根、蒜 4 瓣、八角 1 个、花生 1 大勺
- 调料：油 2 大勺、蒸鱼豉油 1 大勺、高汤 3 大勺、白糖 1 小勺

制作方法

1 煮锅加水，大火煮沸，下入细挂面，煮熟后捞出，备用。

2 香葱洗净，切葱花；葱洗净，葱白、葱绿分别切末；蒜去皮，切末。

3 炒锅加油，下入八角、蒜、葱白，小火炒出蒜香味。

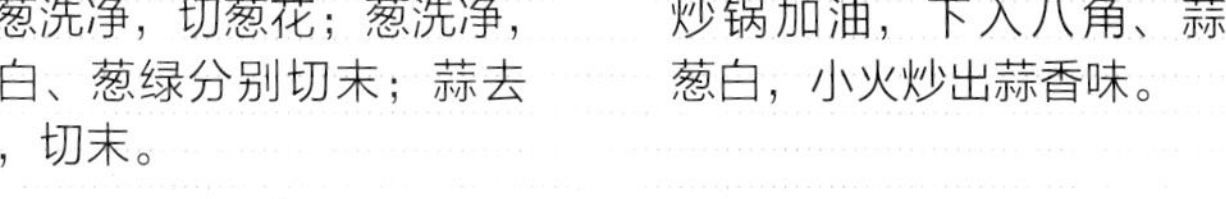

4 煸约 3 分钟后，下入葱绿，晃动油锅，使之受热均匀，1 分钟后关火，即成葱油。

5 花生用干锅小火炒熟，冷却后，用刀面拍散，再碾成花生碎。

6 将葱油、花生碎、蒸鱼豉油、高汤拌入煮好的面中，撒上白糖和葱花，拌匀即可。

Q&A

葱油如何做才香气浓郁？

做葱油的时候，油温的控制非常重要，葱、蒜入锅之后，一定要用小火，随着油温的慢慢升高，让葱和蒜的香气自然释放。绝对不可以用大火，高油温会将葱、蒜炒煳，葱油会发出焦煳味。

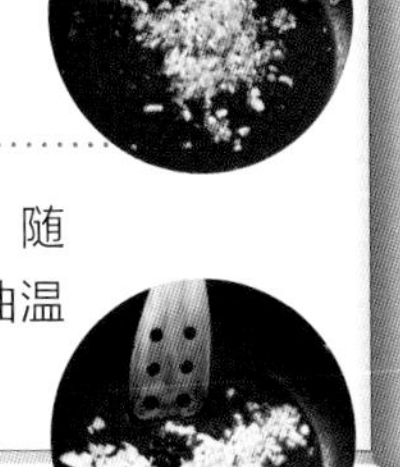

中级 2小时30分钟 2人

做菜来扫我！

福州猪脚面线

- 材料：猪蹄 1 只、菜心 2 棵、葱 5 片、姜 5 片、熟鸡蛋 2 个、面线 1 把、香葱花 1 大勺
- 香辛料：香叶 1 片、桂皮 1 块、八角 2 个、花椒 0.5 小勺、干辣椒段 2 小勺
- 调料：油 2 大勺、白糖 1 大勺、料酒 2 大勺、冰糖 2 大勺、生抽 3 大勺、盐 2 小勺、白胡椒粉 2 小勺

制作方法

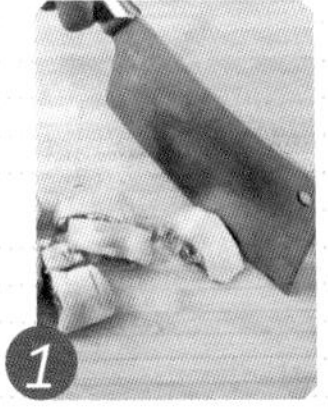

1 猪蹄剁块，洗净，焯烫；菜心洗净，焯烫，备用。

2 炒锅中加油，放入葱姜和香辛料，小火煸炒。

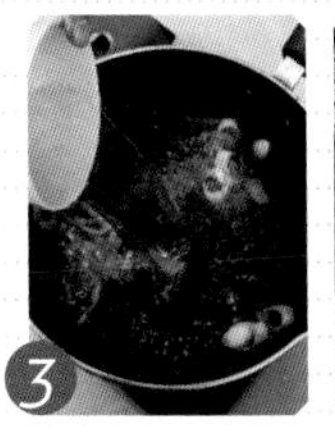
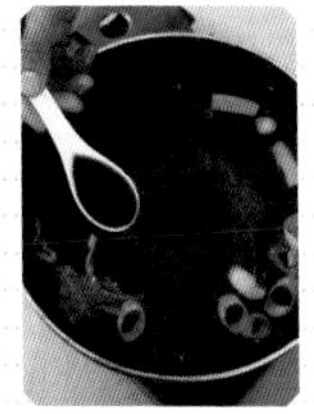

3 炒香后，加水大火煮沸，倒入白糖、料酒、冰糖、生抽。

4 放入猪蹄、鸡蛋，转小火煮 2 小时，再加盐、白胡椒粉调味，煮 2 分钟后关火。

5 另起锅，加水，大火煮沸，放入细面线，煮熟后，盛出。

6 最后，铺上猪蹄、熟鸡蛋和菜心，撒上香葱花，浇上汤汁，即可食用。

Q&A

猪脚面线怎么做才汤浓味美？

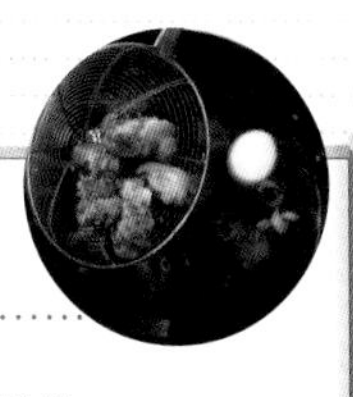

炖煮猪蹄时，火候一定要够，且需小火慢炖，这样猪蹄才会酥烂脱骨、入口滑嫩、卤汤香浓。

「核桃富含蛋白质、脂肪酸、B族维生素等营养元素，可防止细胞老化，增强记忆力，同时还能减少肠道对胆固醇的吸收；红枣可提高人体免疫力，预防骨质疏松，对体虚的人有很好的滋补作用。」

中级 40分钟 2人

甜蜜枣核桃

做菜来扫我！

- 材料：无核蜜枣半碗、核桃肉半碗、鸡蛋1个
- 调料：猪油半碗、糯米粉半碗、白糖4大勺

Q&A 甜蜜枣核桃怎么做才松脆酥香？

核桃肉的皮膜用热水泡开，会更容易剔去，还可减少苦涩；蜜枣核桃裹上鸡蛋清和糯米粉炸制后，会增添韧劲，吃起来更松脆；复炸时，一定要注意不可停留太久。

制作方法

1 无核蜜枣放蒸锅笼屉上，大火蒸熟后取出，备用。

2 核桃肉放热水内泡开，去掉皮膜，备用。

3 锅中倒入猪油，烧至五成热时放入核桃，约 1 分钟后捞出，滗油。

4 取 1 颗蜜枣掰成两瓣，放入核桃肉，合起蜜枣；依此法将核桃全部包完。

5 鸡蛋去壳，分离蛋黄和蛋清，取蛋清放入碗内，加糯米粉和适量清水，搅拌均匀。

6 接着放入包好的蜜枣核桃，沾裹均匀。

7 锅中猪油再次烧至六成热时，放入蜜枣核桃炸至金黄，用漏勺捞出。

8 然后将蜜枣核桃复炸一遍，快速捞出，滗油。

9 将炸好的甜蜜枣核桃放入盘中，撒上白糖，即可食用。

新鲜蔬菜

三色蒸蛋、瓜烧白菜、莆田焖豆腐……
营养均衡的蔬菜豆蛋！

蛋拌豆腐

真心豆腐丸

做菜来扫我!

莲藕拌蕨菜

- 材料：蕨菜 1 把、莲藕 1 节、蒜 3 瓣
- 调料：高汤 1 碗、盐 1 小勺、香油 1 小勺

藕富含维生素C及矿物质，有促进新陈代谢、防止皮肤粗糙的功效。蕨菜素对细菌有一定的抑制作用，可用于发热不退、肠风热毒、湿疹等病症，具有良好的清热解毒、杀菌消炎之功效。

制作方法

1. 蕨菜洗泡干净，切成寸段，备用。

2. 莲藕洗净，去皮，切成粗条，备用。

3. 蒜去皮，用刀拍裂，剁成蒜泥，备用。

4. 锅中倒入 1 碗高汤，煮沸后加入蕨菜，加盖焖制片刻，捞出滗干。

5. 莲藕倒入沸水锅中焯烫，断生后捞出，滗干备锅中用。

6. 蕨菜、莲藕依次倒入碗中，加蒜泥、盐、香油拌匀，即可食用。

Q&A

莲藕拌蕨菜怎么做才脆嫩爽口?

蕨菜需提前放入清水中浸泡，再加入高汤进行焖制，这样可使其入汤之鲜味，吃起来更鲜爽；藕片放入沸水中焯烫至断生，不仅口感会更脆，色泽也会透明鲜亮。

中级
30 分钟
2 人

做菜来扫我！

蚝油茭白

- 材料：茭白 4 根、青椒 1 个、红椒 1 个、葱 1 段
- 调料：油 1 碗、蚝油 2 大勺、绍酒 1 大勺、盐 1 小勺、胡椒粉 1 小勺、白糖 1 小勺、水淀粉半碗、香油 1 小勺

制作方法

1 茭白去皮、老根，洗净后剖开，斜切成片，备用。

2 青椒和红椒均去蒂、洗净，切块;葱洗净，切葱花，备用。

3 锅中倒油，烧至五成热，放入茭白过油，捞出滗干，备用。

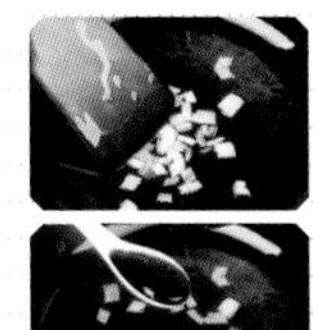

4 净锅，爆香葱花，倒入耗油，小火加热后放入茭白和青红椒，烹入绍酒，加半碗清水。

5 接着调入盐、胡椒粉、白糖，加盖焖约 3 分钟。

6 用水淀粉勾芡，炒匀后淋入香油，即可关火，盛盘享用。

Q&A

蚝油茭白怎么做才更香脆?

茭白需放入油锅炸制片刻，这样口感会更脆嫩，但不可炸太长时间。另外，调入盐、胡椒粉、白糖后，加盖焖几分钟，可更加入味；而用水淀粉勾芡，可使汤汁浓稠香醇。

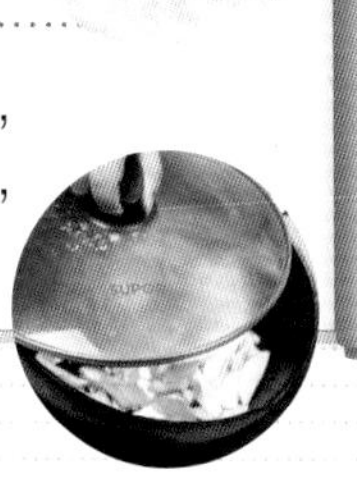

三色蒸蛋

做菜来扫我！

- 材料：鸡蛋 2 个、松花蛋 2 个、咸鸭蛋 2 个、胡萝卜 1/4 根
- 调料：盐 1 小勺、油 1 小勺、高汤 2 大勺、香油 1 小勺

中级　30 分钟　4 人

Q&A 三色蒸蛋有什么关键点?

蒸蛋的器皿以方形稍深点的为佳，可以用圆形碗代替，但最好是比较深的直口碗，这样方便蒸好后切出造型；三种蛋比例为 1:1:1，数量越多切片可越厚，切起来也更容易。

制作方法

1 鸡蛋打入碗中，加盐、油、高汤搅拌均匀，备用。

2 松花蛋、咸鸭蛋去壳、洗净，切成小块，备用。

3 在容器底部铺上保鲜膜，均匀地摆入松花蛋和咸鸭蛋。

4 将鸡蛋液缓慢地倒入容器中，裹住所有的松花蛋和咸鸭蛋。

5 接着盖上保鲜膜，裹紧容器。

6 将容器放入蒸锅中，大火蒸约 15 分钟。

7 胡萝卜去皮、洗净，切丝，备用。

8 蛋蒸好后，取出容器，掀开保鲜膜，将三色蒸蛋倒扣在平底盘中。

9 将蒸蛋切成 5cm 长、3cm 宽的片，撒胡萝卜丝，淋入香油即可。

初级 25分钟 2人

蛋拌豆腐

做菜来扫我!

- 材料：鸡蛋2个、蒜5瓣、葱1根、嫩豆腐1盒
- 调料：香油1小勺、盐1小勺、酱油2大勺

「豆腐营养极高，含铁、镁、钾、烟酸、铜、钙等多种营养元素，是补益清热的养生食品，经常食用可以补中益气、清热润燥、清洁肠胃。另外，豆腐也是抑制癌症的重要食品之一。」

制作方法

1 锅中倒入清水，放入洗净的鸡蛋，大火煮约6分钟，捞起过凉。

2 冷却后去壳、洗净，切块。

3 蒜去皮、洗净，切成蒜泥；葱洗净，切成葱花，备用。

4 嫩豆腐切成均匀的小块，备用。

5 将切好的嫩豆腐入热水焯烫一下，以去掉豆腥味。

6 将鸡蛋和嫩豆腐放入碗内，加入由香油、盐、酱油、蒜泥、葱花调成的料汁，拌匀即可。

Q&A

蛋拌豆腐怎样做才清鲜淡爽?

嫩豆腐需要用热水烫一下，这样可减少豆腥味，吃起来更清淡；而将香油、盐、酱油等调成料汁，拌入鸡蛋和嫩豆腐中，吃起来会更爽口。

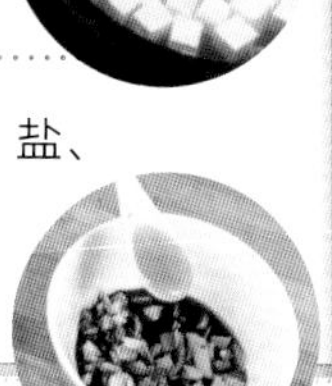

做菜来扫我！

爪烧白菜

- 材料：大黄鱼 1 条、鸭蛋 1 个、白菜 1 棵
- 调料：淀粉 4 大勺、油 1 碗、奶汤 1 碗、鸡油 3 大勺、面粉 6 大勺、盐 2 小勺、料酒 3 大勺

中级 45 分钟 3 人

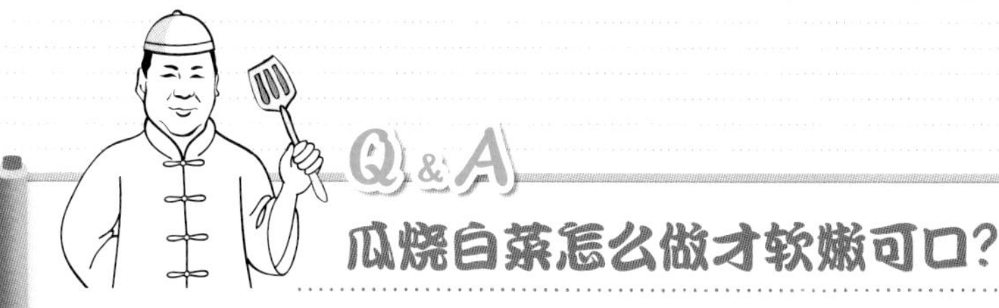

瓜烧白菜怎么做才软嫩可口？

白菜需过油炸至变软，且捞出后一定要用温水洗去残留的油渍，再用奶汤煨制，这样吃起来才不油腻。奶汤鲜香味浓，将白菜放入其中煨制，有助于提升白菜的鲜嫩口感。

制作方法

1 大黄鱼宰杀洗净，切成 3cm 长、2cm 宽的块。

2 鸭蛋黄与蛋清分离后，取蛋清，和淀粉一起均匀地涂在鱼块上。

3 白菜取出最里面的嫩心，洗净后切成条状，备用。

4 锅中倒入 1 碗油，五成热时放入鱼块，炸 1 分钟，捞起滗干。

5 接着放入白菜，炸至变软，捞起，用温水冲去白菜上的油渍。

6 将白菜放入盛有奶汤的锅中煨制，成熟时起锅备用。

7 净锅，倒入鸡油，大火烧热，放入面粉研至变色。

8 将用奶汤煨过的白菜与汤汁一同倒入锅中，烧沸后倒入鱼块。

9 加盐调味，慢烧片刻，再淋入料酒，即可关火出锅。

做菜来扫我!

真心豆腐丸

- 材料：葱 1 根、姜 1 块、鸡蛋 1 个、豆腐 1 块、五花肉 1 块、虾仁 4 个、香菇 4 朵
- 调料：盐 1 小勺、木薯粉 2 大勺、胡椒粉 1 小勺、猪油 2 大勺、香油 1 大勺、料酒 1 大勺

Q&A

真心豆腐丸怎么做才爽滑鲜嫩？

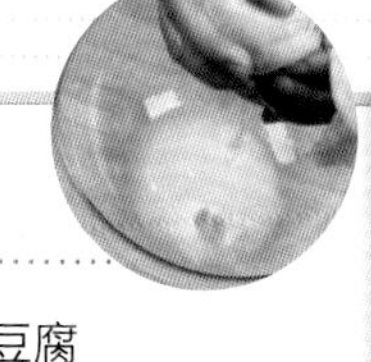

豆腐洗净后用纱布攥去多余水分，包制丸子时才不容易散开；另外，往豆腐中加入木薯粉也可以加强豆腐的粘合力。丸子馅中加入虾仁，不仅营养丰富，吃起来也更爽滑鲜嫩。

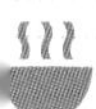

制作方法

1 葱洗净，葱白切末，葱绿切小段；姜去皮，切丝，备用。

2 鸡蛋去壳，分离蛋黄与蛋清；豆腐、五花肉、虾仁、香菇洗净，备用。

3 豆腐用纱布包裹，攥去水分，倒入碗中。

4 将鸡蛋清、葱末、盐、木薯粉倒入豆腐中，搅拌均匀，作为丸子皮备用。

5 五花肉、虾仁、香菇剁碎，加入胡椒粉拌匀，作为丸子馅备用。

6 取调好的豆腐，按成饼状，包入馅料，团成丸子；依此法团出所有丸子。

7 锅中放入足量水，煮沸后放入豆腐丸，继续煮至浮起，捞起盛入盘中。

8 另起锅倒猪油，放葱段、姜丝煸香，加清水，然后倒入豆腐丸，小火煮 15 分钟。

9 最后，加香油、料酒调味，即可盛出食用。

做菜来扫我!

莆田焖豆腐

- 材料：豆腐 1 块、香菇 3 朵、包菜 1/4 个、肉丁半碗、香菜 1 把、胡萝卜半根、香葱 1 根、干贝 2 大勺、鸡蛋 1 个

- 调料：油 1 大勺、盐 2 小勺、蚝油 2 大勺

莆田焖豆腐怎么做才软嫩爽滑?

莆田盛产一种叫做“九月珠”的黄豆，以这种黄豆做出的盐卤豆腐，更加细嫩好吃。焖制豆腐时用小火，让豆腐泥和配料凝固成一块，味道才会鲜美异常、口感爽滑。

制作方法

1. 豆腐切碎丁；香菇洗净、去蒂，切丁；包菜洗净，切丝；肉丁再次切细，备用。

2. 香菜洗净，切段；胡萝卜去皮、洗净，切丁；香葱洗净，切小段，备用。

3. 干贝泡入水中约 1 小时；鸡蛋打入碗中，拌匀，备用。

4. 锅中倒入 1 大勺油，烧至五成热时，放入肉丁，煸炒至稍熟。

5. 然后依次放入胡萝卜、香菇、干贝翻炒，再放入包菜，继续翻炒均匀。

6. 锅中倒入泡干贝的水，加盐、蚝油调味，然后放入豆腐翻炒均匀。

7. 将打散的鸡蛋均匀地淋入锅内，不要翻动。

8. 转小火，加盖，焖至汤汁稍微收干、蛋液凝固，即可掀开锅盖。

9. 最后，撒上香菜段和香葱段，关火，焖约 2 分钟，即可出锅盛盘。

贺师傅幸福厨房系列

我最爱吃的猪肉

作者◦赵立广 定价/25.00

回锅肉、狮子头、粉蒸肉……一场丰富的猪肉料理盛宴即将开席，你还在等什么？赶紧行动起来吧！

我最爱吃的蔬菜

作者◦加贝 定价/25.00

手撕包菜、姜汁藕片、肉末茄子……精美的图片、简明的步骤，让你轻松做出美味佳肴：妈妈再也不用担心我的厨艺了！

我最爱吃的鸡鸭肉

作者◦曹志杰 定价/25.00

宫保鸡丁、啤酒鸭、照烧鸡腿饭……本书收集了多种鸡鸭肉菜式和烹饪方式，绝对是鸡鸭肉爱好者的实用烹饪指南！

我最爱吃的海鲜

作者◦加贝 定价/25.00

清蒸鲈鱼、红烧带鱼、蚵仔煎……本书带你领略一道道美味的海鲜料理，蒸烧煮炸一起上，绝对让你馋涎欲滴！

我最爱吃的牛羊肉

作者◦加贝 定价/25.00

酸汤肥牛、水煮牛肉、葱爆羊肉……用最家常的技法做出最美味的牛羊肉料理，步骤易懂，让你一学就会！

我最爱吃的豆料理

作者◦加贝 定价/25.00

麻婆豆腐、毛豆鸡丁、扁豆焖面……各种菜式和烹饪技法应有尽有，让我们与鲜香豆料理来一场美丽的邂逅吧！

我最爱吃的蛋料理

作者◦加贝 定价/25.00

韭香鸡蛋、滑蛋牛肉、皮蛋豆腐……百搭蛋料理震撼来袭，绝对让所有厨盲小伙伴华丽变身，成为料理小厨神！

我最爱吃的菇料理

作者◦加贝 定价/25.00

双菇荟萃、醋拌鲜菇、冬菇烧猪蹄……50多道味香色美的菇料理，等你来品尝，邀你亲自动手来制作！

贺师傅美食之旅，
仍在继续……